高等学校"十三五"规划教材

"安徽省高校机械学院（系）院长（系主任）论坛"推荐用书

工程应用型院校机械类系列教材

AutoCAD上机指导教程

AutoCAD SHANGJI ZHIDAO JIAOCHENG

主　　编　王玉勤　杨汉生

副 主 编　万新军　余　春

庞　军

参编人员　方海燕　廖生温

邢　刚　周明健

图书在版编目(CIP)数据

AutoCAD上机指导教程/王玉勤,杨汉生主编. —合肥:安徽大学出版社,2016.1(2022.7重印)

高等学校规划教材　工程应用型院校机械类系列教材

ISBN 978-7-5664-1035-1

Ⅰ.①A…　Ⅱ.①王…　②杨…　Ⅲ.①AutoCAD软件—高等学校—教学参考资料　Ⅳ.①TP391.72

中国版本图书馆CIP数据核字(2016)第022408号

AutoCAD上机指导教程　　　　王玉勤　杨汉生　主编

出版发行:北京师范大学出版集团
安徽大学出版社
(安徽省合肥市肥西路3号 邮编230039)
www.bnupg.com.cn
www.ahupress.com.cn

印　刷:合肥远东印务有限责任公司
经　销:全国新华书店
开　本:184 mm×260 mm
印　张:6.75
字　数:170千字
版　次:2016年1月第1版
印　次:2022年7月第3次印刷
定　价:17.00元
ISBN 978-7-5664-1035-1

策划编辑:李　梅　张明举　　装帧设计:李　军
责任编辑:张明举　　美术编辑:李　军
责任印制:赵明炎

编委会名单

编写说明
Introduction

为贯彻落实《国家中长期教育改革和发展规划纲要(2010－2020年)》、《国家中长期人才发展规划纲要(2010－2020年)》,编写、出版适应不同类型高等学校教学需要的、具有不同风格和特色的系列教材,对提升本科教材质量,充分发挥教材在提高人才培养质量中的基础性作用,培养实用技术人才具有重要意义。

当前我国经济社会的发展,对精通现代机械设计制造及其管理方面人才的需求正逐渐增大,今后一段时间内,机械类人才仍会有较大需求,具有产品开发能力、智能制造装备操控能力等的人才将成为企业人才需求的重点。所以培养学生知识与技术的应用能力已经成为地方本科高校的共识。但是,高级应用型人才极度短缺已经成为社会的共识,这一现象突出反映了我国高级应用型人才培养体系的不足,迫切需要通过有效的措施予以改善。编写一套适合工程应用型院校机械类系列教材是其中的主要内容之一。

依托"安徽省高校机械学院(系)院长(系主任)论坛",安徽大学出版社邀请了10多所应用型本科院校20多位有较深厚科研功底、丰富教材编写经验、教学效果优秀的机械类专家、教授参与研讨工程应用型院校机械类系列教材。成立了编写委员会,有计划、有步骤地开展系列教材的编写工作,确定主编学校,规定主编负责制,确保系列教材的编写质量。

本套系列教材有别于研究型本科院校或高职高专院校使用的教材,在强调学科知识体系完整的同时,更注重应用理念与职业知识、实践教育相融合;以学生理解与应用知识为目标,精选教学内容,教学方式多样、活泼。在本套教材中,编者在以下几个方面做了不懈的努力与尝试:

1.注重培养学生的实践能力和创新能力

本系列教材适合于应用型人才的培养,重点在于培养学生的实践能力和创新能力,基础理论和基本知识贯彻"实用为主、必须和够用为度"的教学原则,基本技能则贯穿教学的始终,具有适量的实践环节与创新能力培养环节。

2.科学搭建教材体系结构

一是系列教材的体系结构包括专业基础课和专业课,层次分明,结构合理,避免前后内容的重复;二是单本教材的体系结构按照先易后难、循序渐进的原则,根据课程的内在联系,使教材各部分相互呼应,配合紧密,同时注重质量、突出特色,强调实用性,贯彻科学的思维方法，以利于培养学生的实践和创新能力。

3. 教材定位准确

教材的使用对象是工程应用型本科院校，区别于高职高专院校和研究型大学，所以教材的内容主次分明、详略得当，文字通俗易懂，语言自然流畅，便于组织教学。

4. 教材载体丰富多彩

随着信息技术的发展，静态的文字教材，将不再像过去那样在课堂中扮演不可替代的角色，取而代之的是符合现代学生特点的"信息化教学"。本系列教材融入了音像、网络和多媒体等不同教学载体以立体方式呈现教学内容。

本系列教材内容全面系统，知识呈现丰富多样，能力训练贯穿全程，既可以作为机械类本、专科学生的教学用书，亦可供从事相关工作的工程技术人员参考。

特此推荐！

刘志峰

2016年1月10日

前 言

Foreword

AutoCAD(Auto Computer Aided Design)是 Autodesk(欧特克)公司于上世纪 80 年代开发的计算机辅助设计软件,用于二维绘图、详细绘制、设计文档和基本三维设计,现已经成为国际上广为流行的绘图工具。AutoCAD 具有良好的用户界面,通过交互菜单或命令行方式便可以进行各种操作。它的多文档设计环境,让非计算机专业人员也能很快地学会使用。在不断实践的过程中更好地掌握它的各种应用和开发技巧,从而不断提高工作效率。AutoCAD 作为一款深受广大工程技术人员青睐的绘图软件,广泛应用于机械、电子、建筑、航天、冶金、纺织及轻工等多个领域,在产品设计、研发、生产过程中发挥着重要作用。

根据教育部对本科学生制图教学的要求,使学生熟练掌握一款绘图软件的应用和操作。本书在编写过程中,结合编者多年的教学经验和实际生产情况,每章节安排大量习题供学生练习操作,以增强学生在机械、电气、建筑等图样绘制方面的能力。

为便于教师教学和学生自学,本书在编写过程中,注意突出以下几个方面的内容。

1. 本书全面贯彻最新的"技术制图"、"机械制图"的国家标准。

2. 在选题时,从基本的绘图命令入手,采用由浅入深、循序渐进、前后贯穿的讲解方法,逐步介绍 AutoCAD 的绘图步骤和技巧。

3. 全书力求做到图线清晰、准确,并做到线条一致、符号统一。

4. 本教材不受 AutoCAD 版本的限制,可与任何相应的 AutoCAD 版本教材配套使用。

本教材涵盖了机械、电气、建筑等绘图方面的内容,可作为普通高等院校上机指导教材,也可作为高职高专院校教材,适用于各对口专业及相近专业师生备课和学习,对于工程设计人员和广大 CAD 爱好者,本书也是一本快速提高工程制图能力的自学教材。

全书共分 12 章,由巢湖学院王玉勤、杨汉生担任主编,由巢湖学院万新军,安徽工程大学余春、滁州学院庞军担任副主编,由巢湖学院方海燕、廖生温、邢刚、周明健担任参编。

具体编写分工如下:第一、四、五、七章由王玉勤编写,第二、三章由万新军、方海燕编写,第六章由余春编写,第八章由庞军编写,第九章由廖生温编写,第十章由杨汉生编写,第十一章由周明健编写,第十二章由邢刚编写,全书由王玉勤统稿。

在编写过程中,史良马、许雪艳、李莉莉、张连新、李志、孙明亮对本书的编写工作给予了很大的帮助和支持,提出了宝贵的意见和建议,本教材亦受到国家级质量工程项目"巢湖学院—安徽三联泵业集团公司工程实践教育中心"(项目编号:226)、安徽省高等学校省级质量工程项目"机械设计制造及其自动化'卓越工程师'教育培养计划"(项目编号:2012zjjh042)、安徽省质量工程项目“电气工程及其自动化省级特色专业”、巢湖学院校级质量工程项目（项目编号：ch12syq01、ch13xqjd03、ch14kcjgxm14、ch14kcjgxm16）专项经费的资助，在此我们表示衷心的感谢。

由于时间仓促，加上编者水平有限，书中疏漏和不足之处在所难免，敬请广大读者及业内人士批评指正。

编　者

2016 年 1 月 1 日

目　录

Contents

AutoCAD 基本操作

一、实验目的

1. 熟悉 AutoCAD 的软硬件环境、启动、退出、文件管理等方法；

2. 熟悉 AutoCAD 的工作界面、系统配置的修改等；

3. 练习 AutoCAD 命令和数据的输入方式。

二、实验内容

1. 启动 AutoCAD，熟悉软件界面；

2. 练习使用 AutoCAD 基本的绘图命令和简单的编辑命令；

3. 绘制习题 1 中的图形，选绘习题 2 中的图形，所有图形按 1∶1 绘制，不要求标注尺寸。

三、实验步骤

1. 启动 AutoCAD：左键双击桌面上的 AutoCAD 图标，或单击“开始”按钮，在程序菜单栏中单击“AutoCAD”相应版本，运行 AutoCAD。

2. 熟悉 AutoCAD 的操作界面，如图 1-1 所示。操作界面主要由标题栏、菜单栏、工具栏、绘图窗口、光标、坐标系图标、模型/布局选项卡、命令行窗口、状态栏等组成。

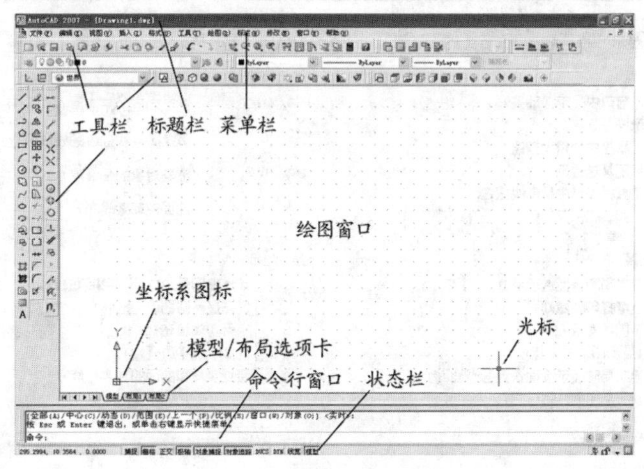

图 1-1　AutoCAD 操作界面

(1)设置浮动对话框，点击“视图”(下拉菜单)→“工具栏”，启动工具栏对话框，可以选用所需要的工具栏，包括绘图、修改、对象特性、图层等；

(2)试用正交功能(F8)，或直接点击状态栏正交命令；

(3)试用对象捕捉(F3),其各个特征点的选择通过点击“工具”(下拉菜单)→“草图设置”→“对象捕捉”对话框设置,或直接点击状态栏对象捕捉命令,如图 1-2 所示。

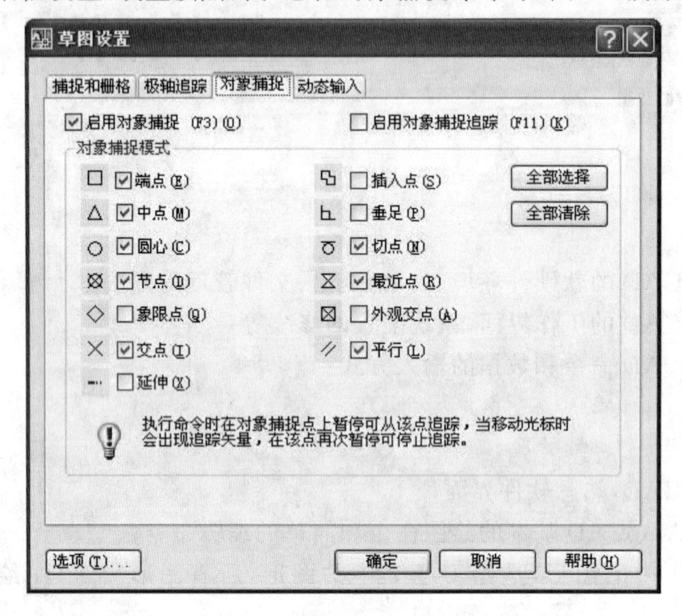

图 1-2 【对象捕捉】对话框

(4)了解系统配置选项的修改。在绘图区域中右击,从弹出的快捷菜单中选择“选项”命令,通过“选项”对话框练习常用项的修改。在“显示”选项卡中,设置绘图背景颜色、十字光标大小、显示精度等;在“用户系统配置”选项卡中,设置线宽随图层、按实际大小显示、自定义右键等功能,如图 1-3 所示。

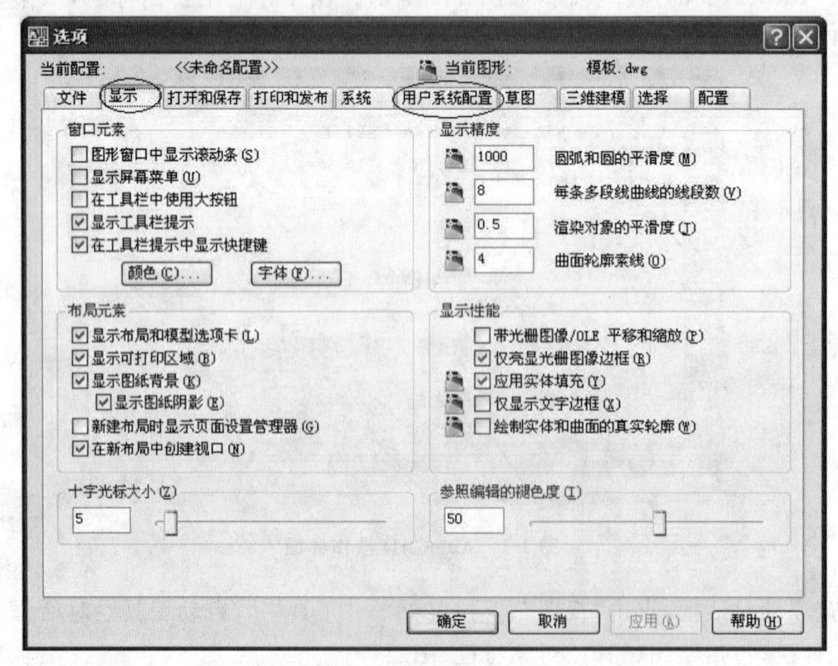

图 1-3 【选项】对话框

3.在命令行中输入相应的命令。

(1)直线(LINE)。输入 LINE 或者 L(命令字母不分大小写),回车或空格键结束命令输入。根据命令提示,完成绝对坐标、相对坐标和极坐标的输入,输入完成,按 ESC 键退出。

提示:

①坐标点的表示方法:ⅰ)绝对坐标输入,△X,△Y(相对于原点即左下角的平面坐标系),X 轴表示屏幕的水平方向,向右为正;Y 轴表示屏幕的垂直方向,向上为正,例:0,20、100,0。ⅱ)相对坐标输入,@△X,△Y(相对于某一参考点),例:@100,0。ⅲ)极坐标(点到点之间的距离和与 X 轴正方向的夹角来确定坐标点),@长度<角度,在极坐标系中,以水平向右为零度,逆时针方向为正角度,例:@200<45(绘制一条长为 200 且与水平夹角成 45°的直线)。

②重复执行前面刚刚执行过的命令时,可通过下列 3 种方法操作:ⅰ)Enter(回车键),按 Enter 键可重复执行前面刚刚执行过的命令;ⅱ)Space(空格键),按 Space 键也可以重复执行前面刚刚执行过的命令;ⅲ)在绘图区域中右击,从弹出的快捷菜单中选择"重复某"命令即可。

③命名的执行过程中,发现有错误时,需要终止正在执行的命令,可通过下列 2 种方法进行:ⅰ)Esc(退出键),需要结束正在执行的命令时,可以按 Esc 键终止,或单击右键,在弹出快捷菜单中"确定"或"取消"。

(2)点的定数等分(DIVIDE),将第一步操作中的任意一条直线定数等分。

提示:等分点在绘图区域显示不明显时,点击"格式"→"点样式",打开点样式对话框,设置点的大小或选择醒目的点样式,如图 1-4 所示。

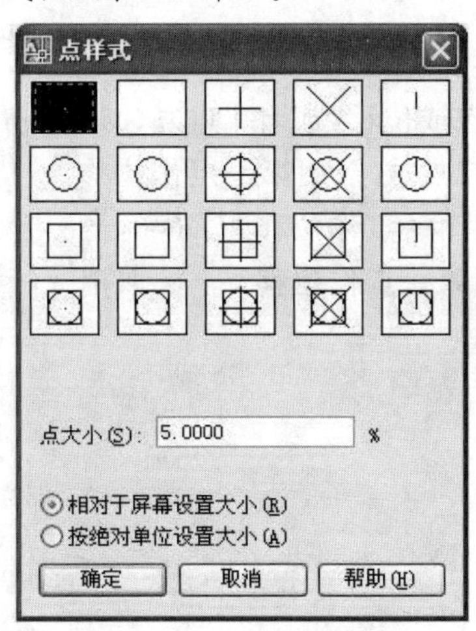

图 1-4 【点样式】对话框

命令:div

DIVIDE

选择要定数等分的对象: 注:左键点击直线。

输入线段数目或[块(B)]:5

(3)圆(CIRCLE)。

命令：c

CIRCLE 指定圆的圆心或[三点(3P)/两点(2P)/相切、相切、半径(T)]：注:在绘图区域内任意左键点击确定圆心。

指定圆的半径或[直径(D)]：45

(4)矩形(RECTANG)。

命令：rec

RECTANG

指定第一个角点或[倒角(C)/标高(E)/圆角(F)/厚度(T)/宽度(W)]：注:在绘图区域内任意左键点击确定角点。

指定另一个角点或[面积(A)/尺寸(D)/旋转(R)]：d

指定矩形的长度 <10.0000>：50

指定矩形的宽度 <10.0000>：20

指定另一个角点或[面积(A)/尺寸(D)/旋转(R)]:注:左键点击确定矩形所在象限。

(5)视图缩放(zoom)。

命令：zoom

指定窗口角点,输入比例因子 (nX 或 nXP),或

[全部(A)/中心点(C)/动态(D)/范围(E)/上一个(P)/比例(S)/窗口(W)] <实时>：e

输入比例因了 (nX 或 nXP)：

(6)复制命令(copy)。

命令：co

COPY

选择对象：找到 1 个

选择对象:(回车) 指定基点或位移,或者 [重复(M)]：m

指定基点：指定位移的第二点或 <用第一点作位移>：@0,8

指定位移的第二点或 <用第一点作位移>：@0,－8

指定位移的第二点或 <用第一点作位移>：*取消*(回车)

(7)移动命令(MOVE)。

命令：m

MOVE

选择对象：找到 1 个

选择对象：(回车)

指定基点或位移：

指定位移的第二点或 <用第一点作位移>：

4.绘制习题 1 中的图形。

(1)依据步骤 3 绘制习题 1-1、习题 1-2、习题 1-3 和习题 1-4。

(2)绘制习题 1-5,先打开正交命令,使用直线命令绘制三条直线边,点击“绘图”→“圆弧”→“起点、端点、半径”功能,绘制圆弧。

(3)绘图中如出现错误,可以选中目标,点右键进行删除;或选中目标,点击修改工具栏中的“橡皮”删除。

5. 赋名保存。命名文件,在文件类型下拉列表中选中“(*. dwg)”图形文件,单击“保存”按钮。

6. 退出 AutoCAD。

第 1 章 习题

习题 1

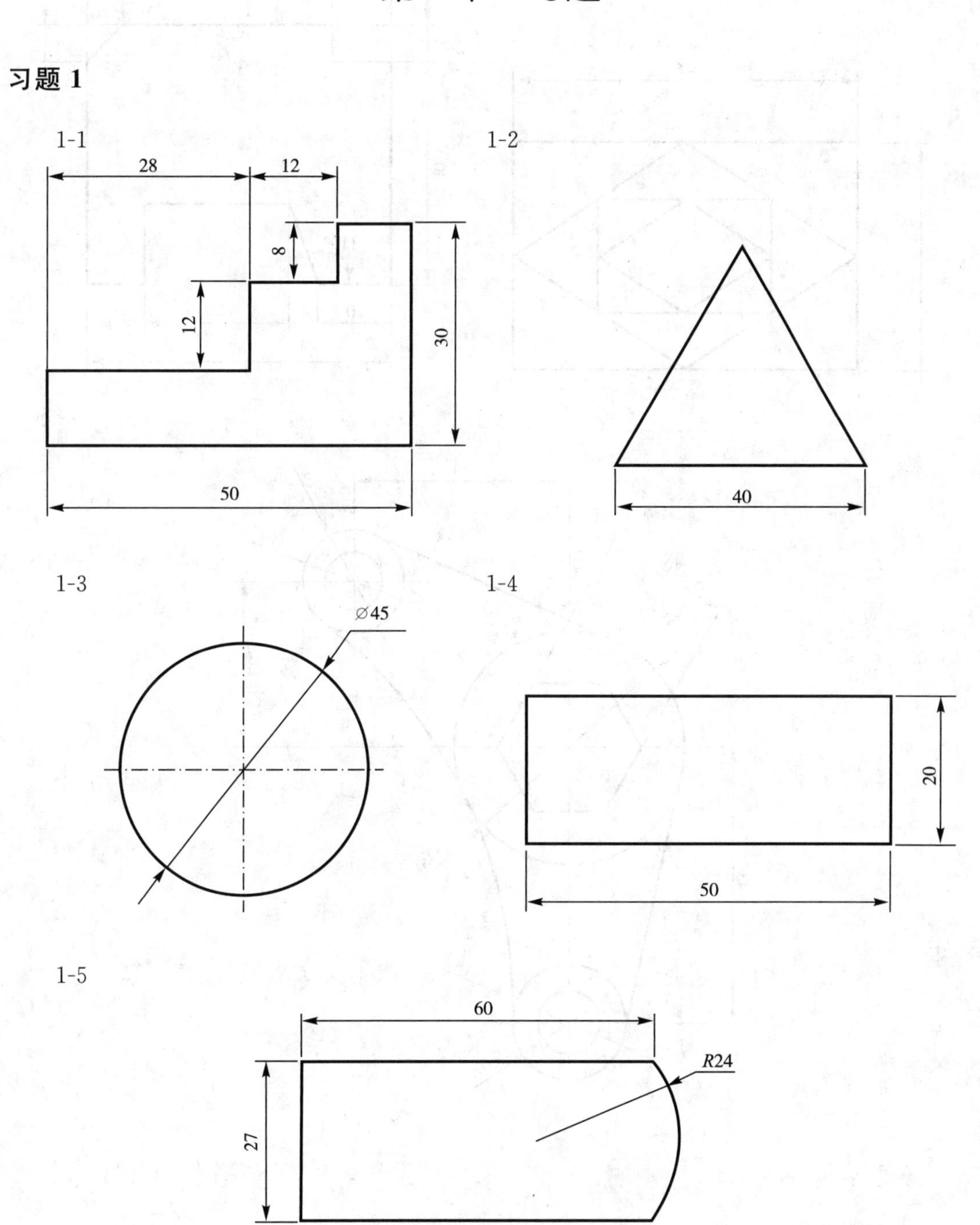

习题 2

2-1

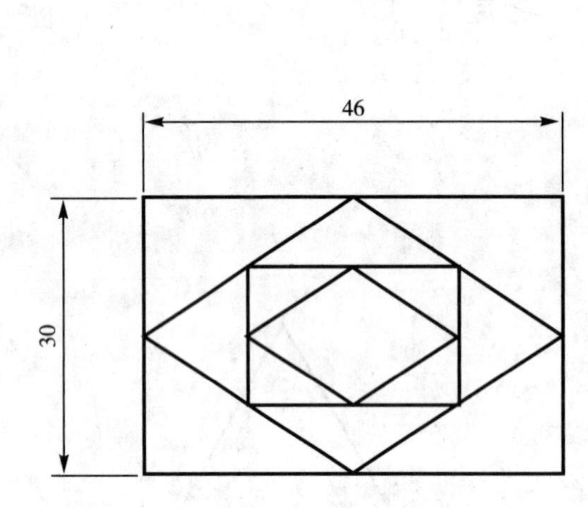

2-2

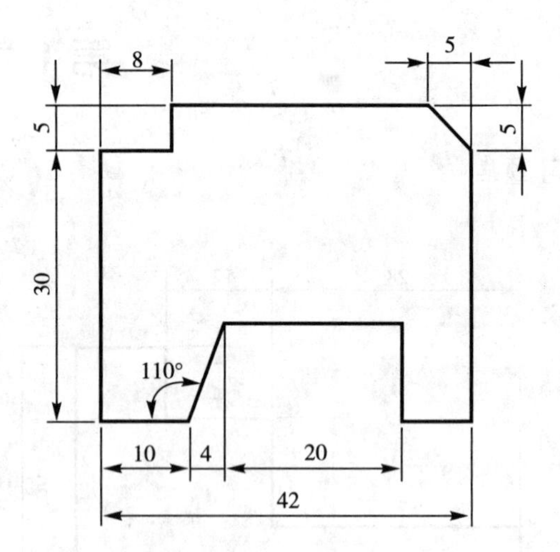

2-3

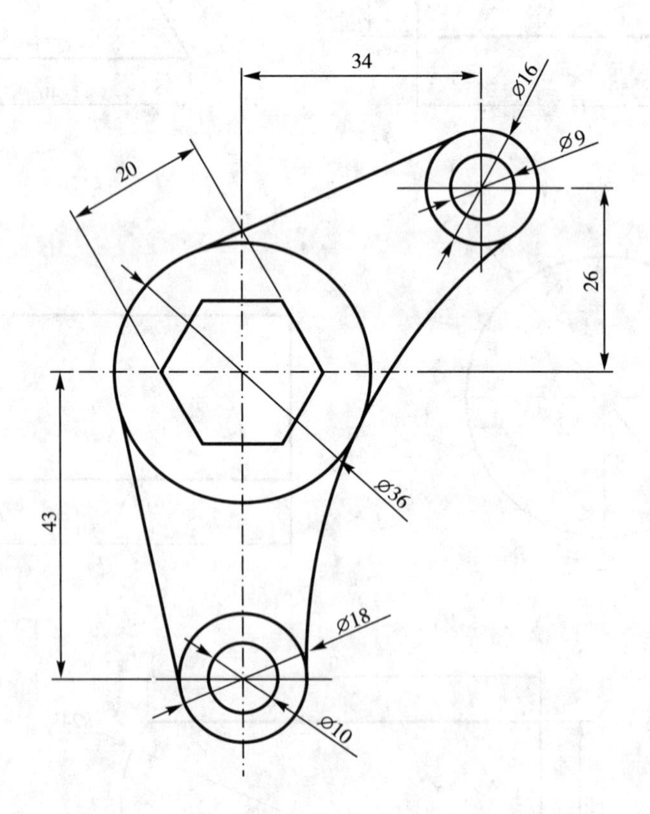

基本绘图练习

一、实验目的

1. 熟悉常用绘图命令的功能及命令格式；

2. 掌握常用绘图命令的操作方法；

3. 掌握“修剪”(TRIM)、“旋转”(ROTATE)命令的使用方法。

二、实验内容

1. 学习掌握平面图形绘图步骤，能应用所学的 AutoCAD 命令绘制含有线段圆弧交切的平面图形。具体包括直线（LINE）、正多边形（POLYGON）、矩形（RECTANG）、圆（CIRCLE）、圆弧（ARC）、样条曲线（SPLINE）、椭圆（ELLIPSE）、图案填充（BHATCH）、删除（ERASE）、修剪（TRIM）和旋转（ROTATE）等基本命令的使用方法。

2. 绘制习题 1 和习题 2 中的图形，选绘习题 3 中的图形，所有图形按 1∶1 绘制，不要求标注尺寸。

三、作图提示

1. 练习绘图命令时要始终注意命令行的提示，有针对性、有目的地输入下一步；

2. 如果操作有误，可以按 Esc 键终止；

3. 圆命令中有 6 种圆绘制方法，可以实现不同形式圆或圆弧的绘制；

4. 圆弧命令中有 11 种圆弧绘制方法，可以实现不同形式圆弧的绘制。

(1)有些圆弧不适合用 ARC 绘制，而适合用圆命令结合 TRIM 命令修剪生成，详细情况见习题；

(2)AutoCAD 采用逆时针绘制圆弧。

四、实验步骤

1. 绘制习题 1-1 和习题 1-2 时，调用直线命令可绘制得出。

2. 绘制习题 1-3 时，先使用正多边形命令绘制正三角形，绘制出三角形的三条中垂线，使用圆命令中“相切、相切、相切”功能逐个绘制内部圆。

3. 绘制习题 1-4 时，先确定圆心距，分别绘制 6 个圆，打开对象捕捉，选上“切点”，使用直线命令绘制外切线，最后修建直径为∅10 的两个圆。

提示：在对象捕捉中选择“切点”时，同时将“圆心”取消，否则在画切线时，不能捕捉切点。

4. 绘制习题 1-5 时，调用直线命令画出夹角，使用圆命令中“相切、相切、半径”功能绘制∅30 圆，接着调用圆命令中“相切、相切、相切”功能依次画出其他两个圆。

5. 绘制习题 1-6 时，调用正多边形命令（内接于圆）画出正六边形，使用直线命令连接正六边形内部对角线。调用圆命令中“三点”功能画出直径∅30 的圆。

6. 绘制习题 1-7 时，调用圆和直线命令可绘制得出。

7. 绘制习题 1-8 时，先使用直线命令画出四条边，然后调用圆弧命令中“起点、端点、角度”功能逆时针画出圆弧。

8. 绘制习题 1-9 时，调用椭圆画出椭圆，使用直线命令画出两条边，最后圆弧命令中“起点、端点、半径”功能逆时针画出圆弧。

9. 绘制习题 1-10 时，调用圆命令画出直径∅36 圆，使用直线和修剪命令得到∅36 圆上的两个点，以这两个点分别为圆心，以 12 为半径画圆，以两圆的交点为圆心，以 12 为半径画圆，最后修剪即可得到，如图 2-1 所示。

提示：对于绘制大于二分之一圆弧时，建议使用圆命令，再修剪。

10. 绘制习题 2-1 时，调用圆命令画出两个同心圆，使用直线命令确定 40°夹角，使用 TRIM 命令修剪，直径∅36 圆弧使用习题 1-10 方法可得。

11. 绘制习题 2-2 时，调用正多边形命令（内接于圆）画出正六边形，并旋转 90°，使用直线命令画出正六边形内部对角线。调用圆命令中“三点”功能画出直径∅40 的圆。过圆心作 45°辅助线，调用正多边形命令（内接于圆）直接捕捉到辅助线与对角线的交点，即为正方形，内部小圆亦可得出，具体如图 2-2 所示。

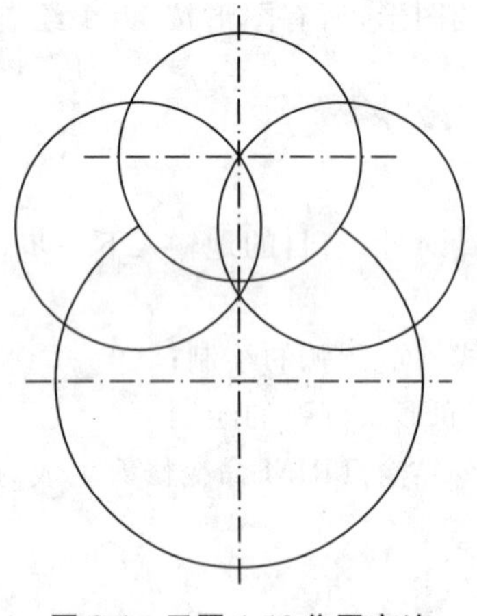

图 2-1　习题 1-10 作图方法

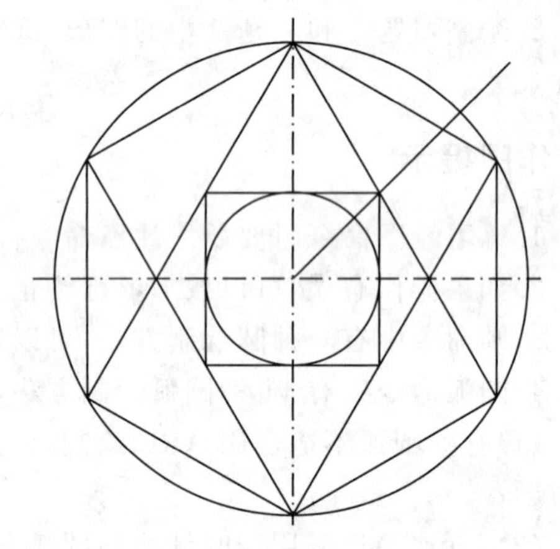

图 2-2　习题 2-2 作图方法

12. 绘制习题 2-3 时，先绘制出圆、多边形和外切线，使用旋转命令对左边正六边形旋转 52°。对于半径为 *R*50 的外切圆弧，不能直接调用圆弧命令绘制，使用圆命令中“相切、相切、半径”功能绘制直径∅100 圆，使用修剪命令得到半径 *R*50 的外切圆弧。

13. 绘制习题 2-4 时，先确定圆心距，分别绘制 4 个圆，使用椭圆命令绘制长轴为 37、半短轴为 8 的椭圆，调用椭圆中心点命令绘制长轴为 134，半短轴为 16 的椭圆，使用 TRIM 命令修剪，完成所绘图形，如图 2-3 所示。

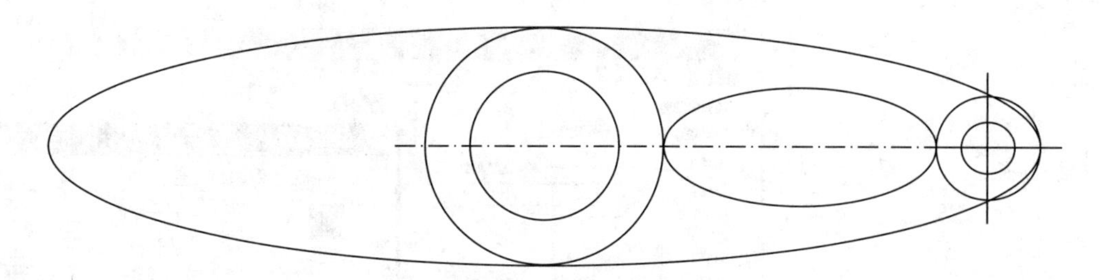

图 2-3 习题 2-4 作图方法

14. 绘制习题 2-5 时，调用正多边形、圆命令可绘制得出。

15. 绘制习题 2-6 时，调用椭圆、圆、直线和旋转命令可绘制得出。

16. 绘制习题 2-7 时，调用直线、圆、环形阵列(ARRAY)和样条曲线命令可绘制得出。

提示：样条曲线绘制完成后，在无需确定起点和端点切向时，使用三次回车结束命令。

17. 绘制习题 2-8 时，打开正交，使用直线命令绘制多边形，打开图案填充对话框，点击“样例”，调用“ANSI”中“ANSI31” 绘制剖面线，如图 2-4 所示。

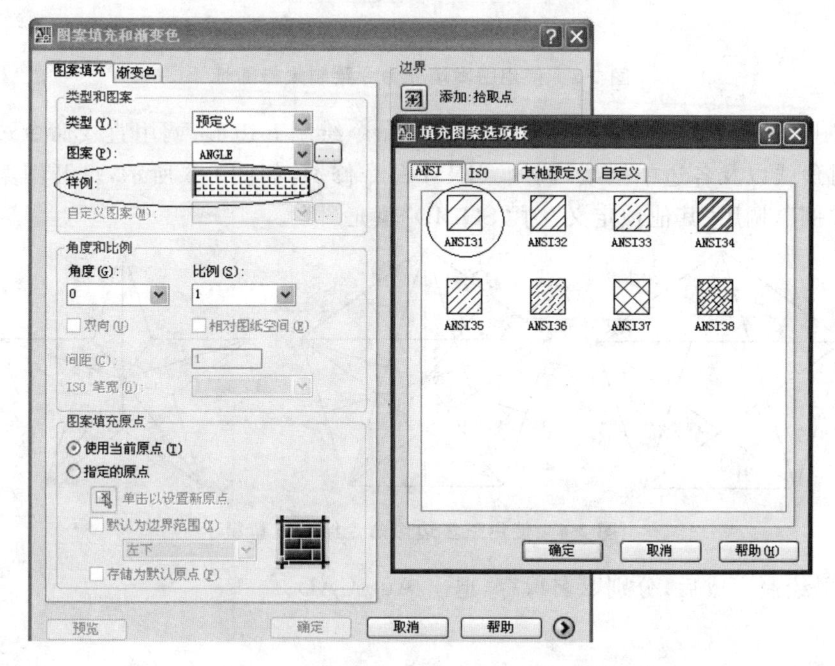

图 2-4 使用图案填充命令绘制剖面线

18. 绘制习题 2-9 太极图标时，使用圆命令绘制大小圆，调用 TRIM 命令修剪，打开图案填充对话框，点击“样例”，调用“其他预定义” 中“SOLID”填充图案，如图 2-5 所示。

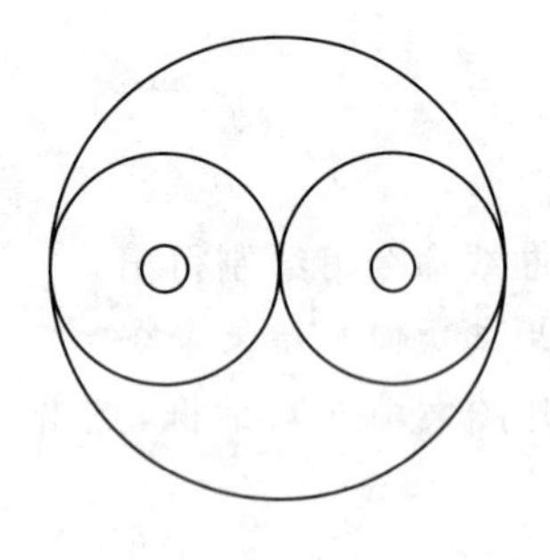

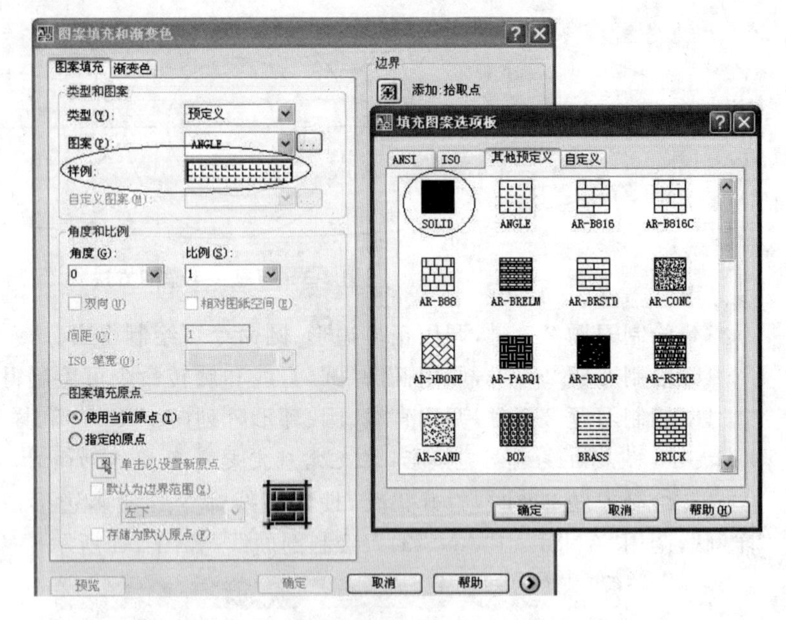

图 2-5　使用图案填充命令绘制太极图标

19. 绘制习题 2-10 五角星时，使用正多边形命令绘制五边形，调用直线命令过各顶点连接五边形对角线以及各边中垂线，调用 TRIM 命令修剪，如图 2-6 所示，打开图案填充对话框，点击“样例”，调用“其他预定义”中“SOLID”填充图案。

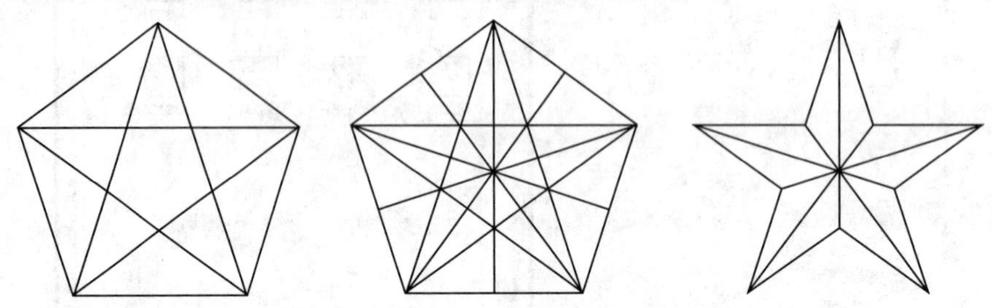

图 2-6　使用正多边形命令绘制五角星

20. 图形绘制完成后，分别赋名保存，退出 AutoCAD。

第 2 章　习题

习题 1

1-1

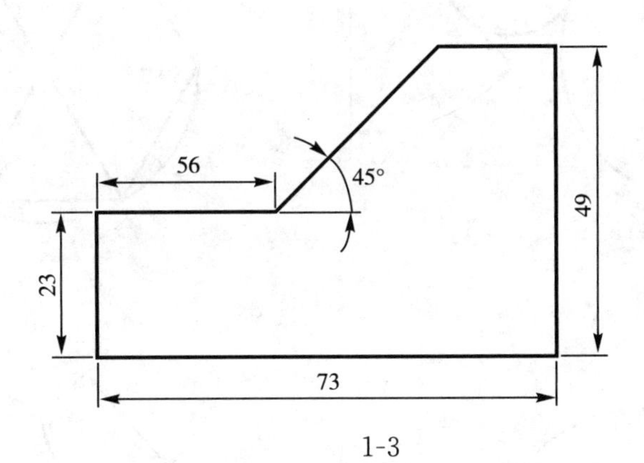

1-2

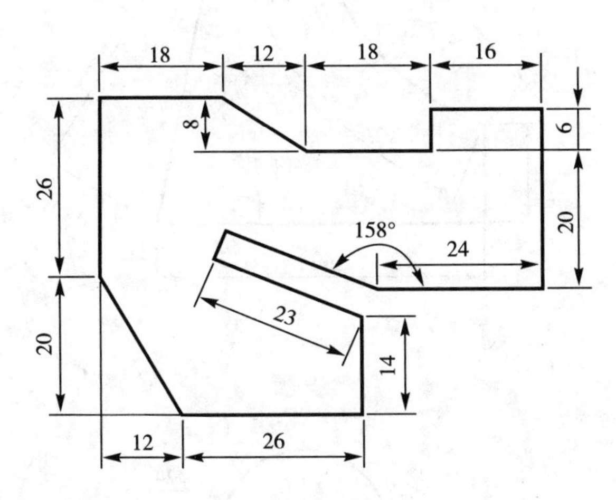

1-3

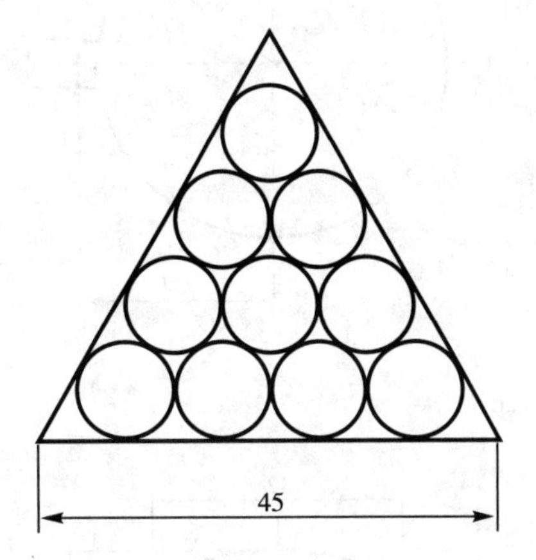

1-4

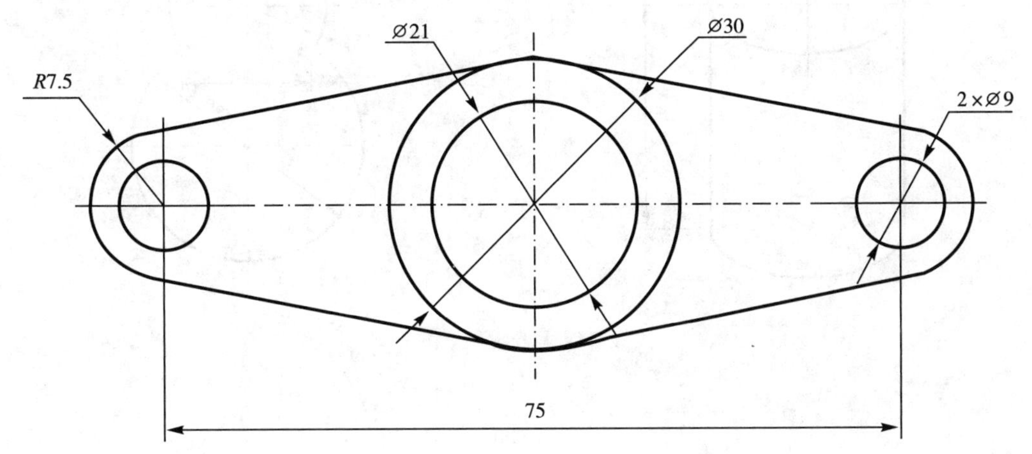

1-5

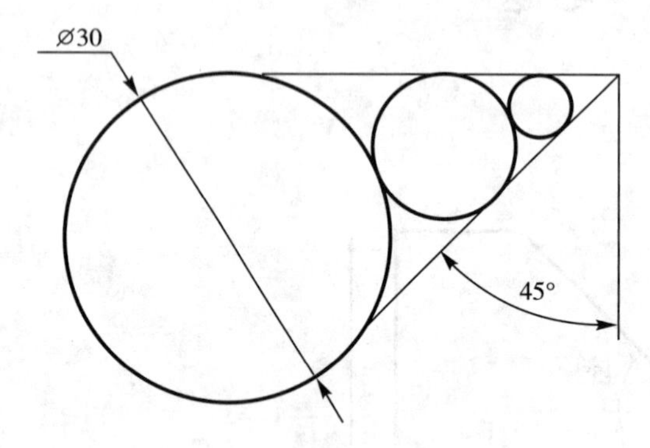

1-6

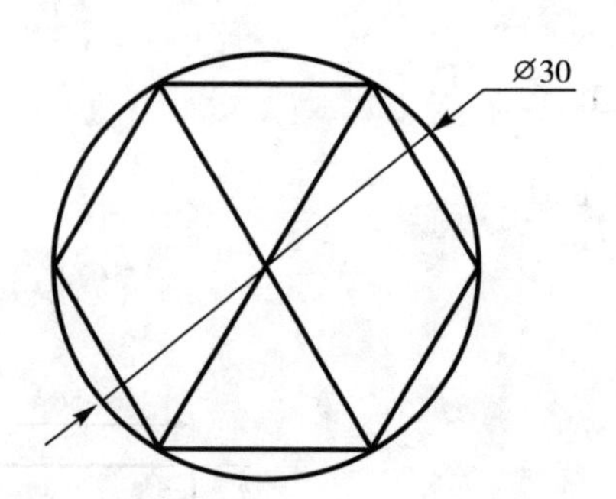

1-7

1-8

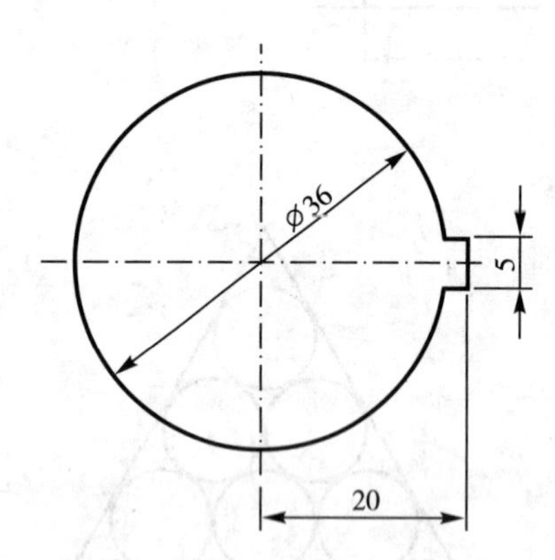

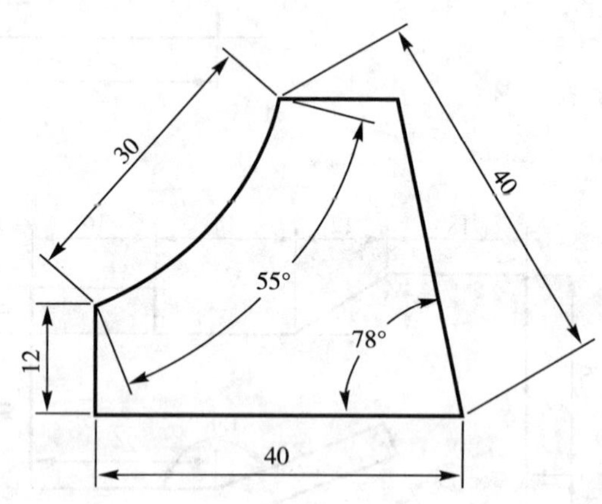

1-9

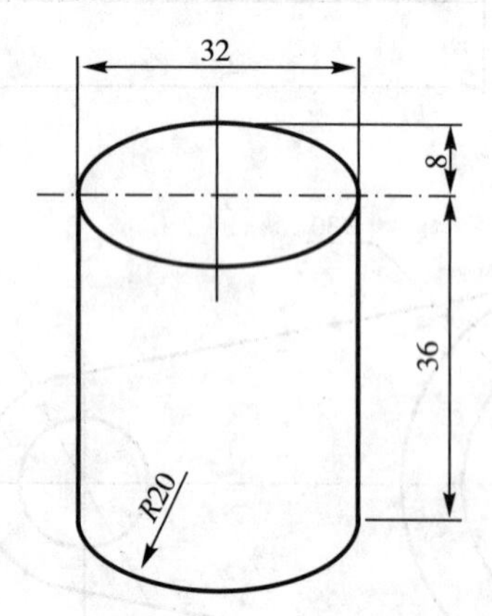

1-10

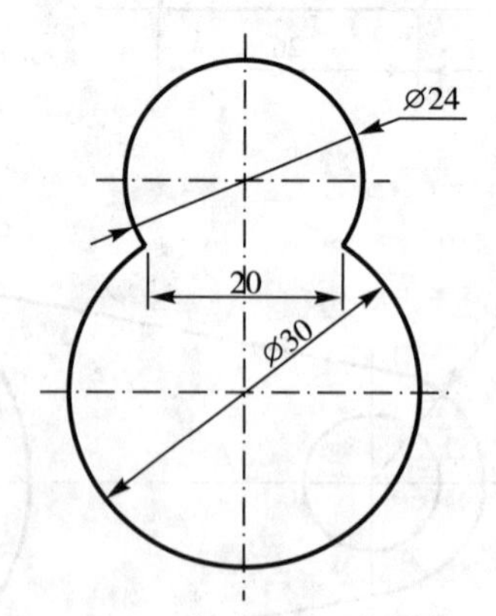

习题 2

2-1

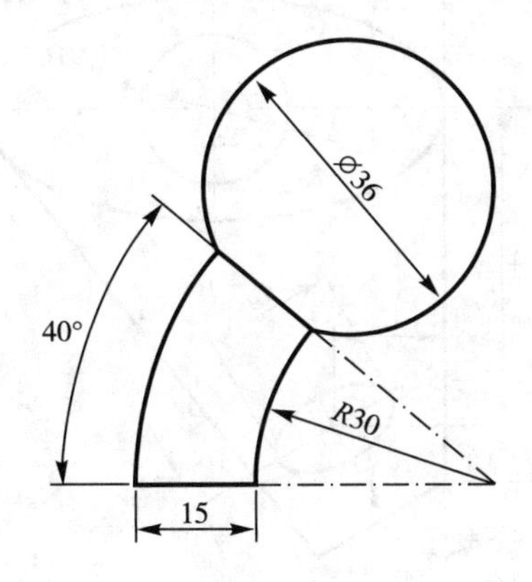

2-2

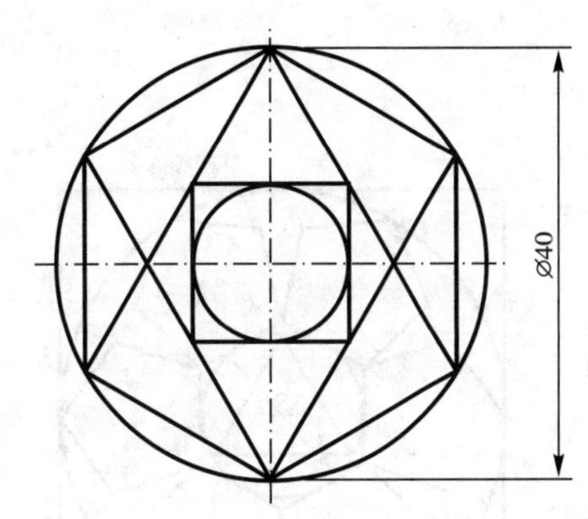

2-3

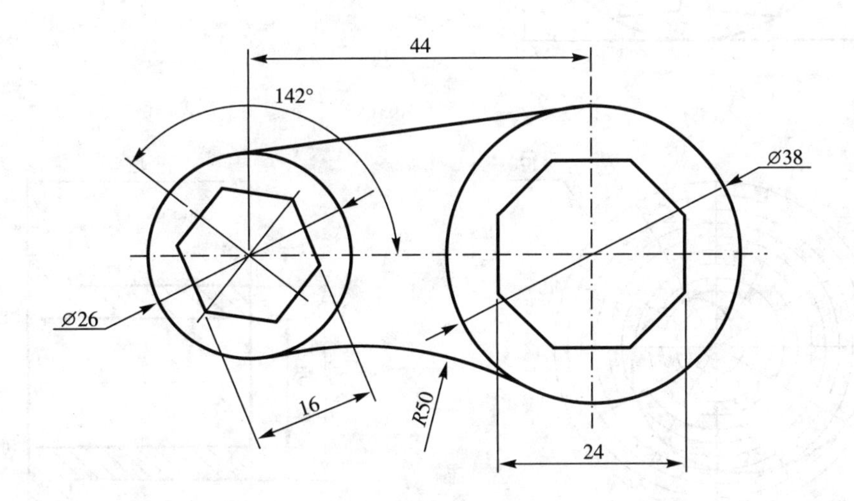

2-4

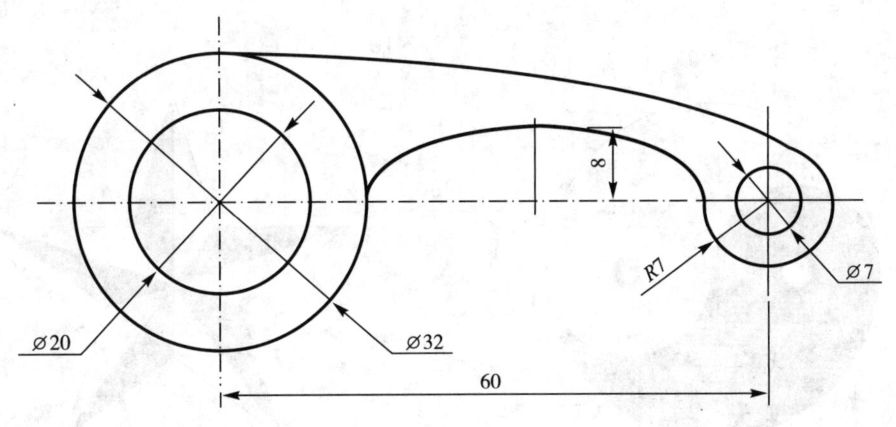

2-5

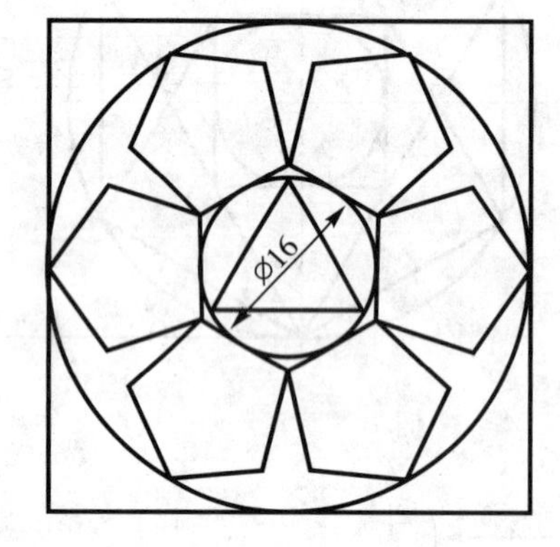

2-6

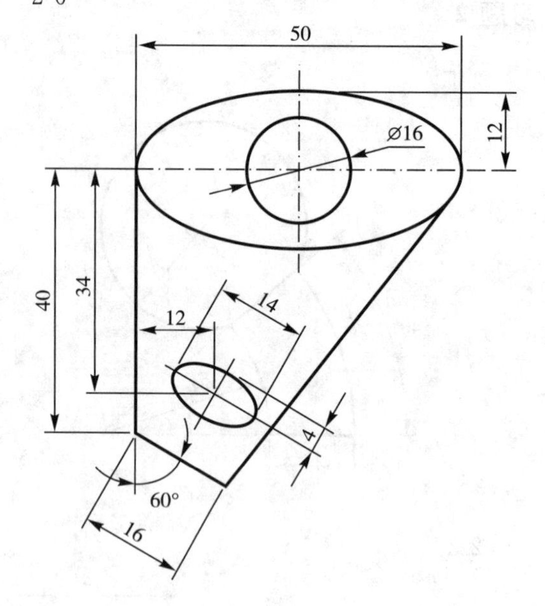

2-7

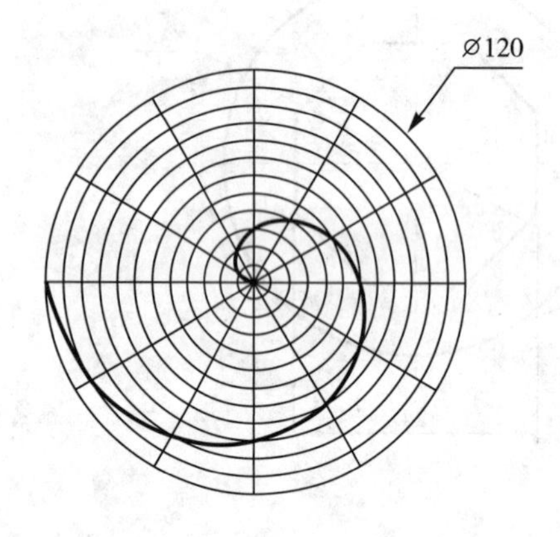

2-8

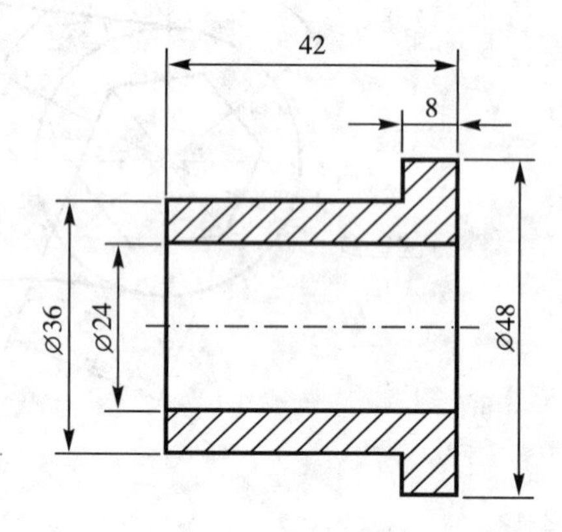

2-9

2-10

习题 3

3-1

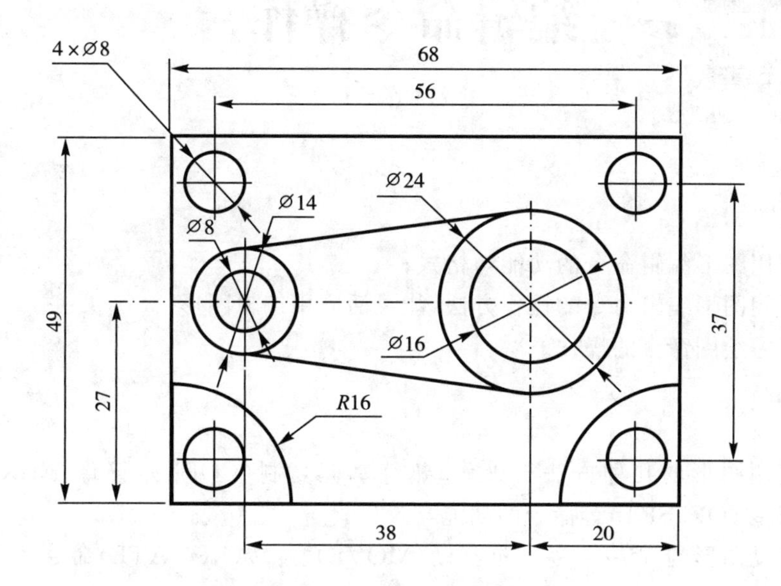
4×⌀8
68
56
⌀24
⌀14
⌀8
49
37
⌀16
27
R16
38
20

3-2

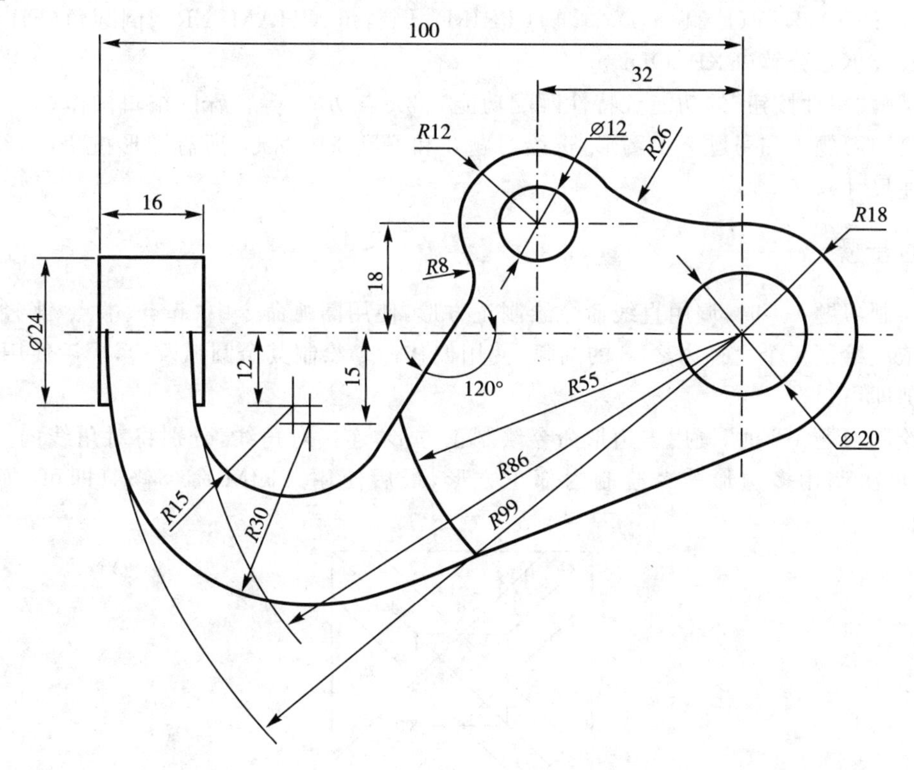
100
32
R12
⌀12
R26
16
R18
18
R8
⌀24
12
15
120°
R55
⌀20
R86
R15
R30
R99

编辑命令操作

一、实验目的

1. 熟悉常用图形编辑命令的功能与格式；

2. 掌握常用图形编辑命令的操作方法，能灵活应用编辑图形；

3. 继续练习绘图命令的操作。

二、实验内容

1. 练习复制图形的几种方法与操作，熟练掌握复制(COPY)、镜像(MIRROR)、阵列(ARRAY)、偏移(OFFSET)等命令的功能与操作；

2. 练习移动图形的方法，熟练掌握移动(MOVE)、旋转(ROTATE)命令的功能与操作；

3. 练习修改图形的命令的功能与操作，包括：比例(SCALE)、拉伸(STRETCH)、延长(LENGTHEN)、延伸(EXTEND)、修剪(TRIM)、倒斜角(CHAMFER)、倒圆角(FILLET)、打断(BREAK)、分解(EXPLODE)；

4. 了解"特性按钮"的功能、"特性匹配功能"、"夹点功能"等特殊的编辑操作；

5. 绘制习题1和习题2中图形，选绘习题3和习题4中图形，所有图形按1∶1绘制，不要求标注尺寸。

三、实验步骤

1. 绘制习题1-1时，调用直线命令绘制正方形，使用圆弧命令中"起点、端点、半径"功能逆时针依次绘制4个直径为∅28的圆弧，使用偏移命令绘制其余圆弧及边，最后使用TRIM命令修剪即可。

2. 绘制习题1-2时，调用多边形命令绘制正方形，连接对角线，分别将对角线向上、向下偏移5，再次调用多边形命令绘制内部正方形，最后使用TRIM命令修剪即可，如图3-1所示。

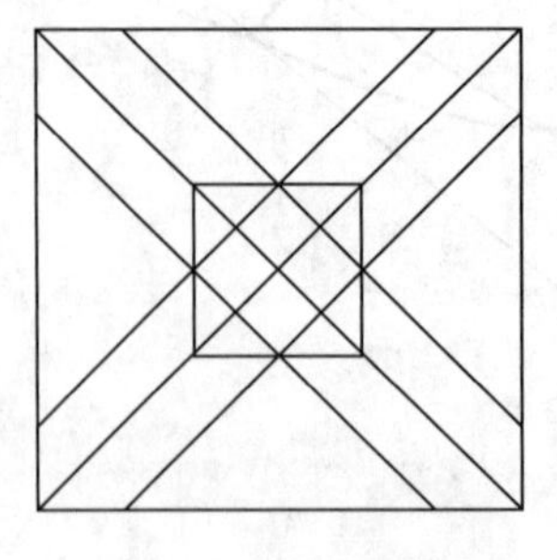

图3-1　习题1-2作图方法

3. 绘制习题 1-3 时,调用矩形命令绘制三个矩形,将其中边长为 69、短边为 38 的矩形使用分解命令炸开,将长边使用定数等分功能三等分,以长边端点为圆心分别绘制直径∅6、∅4 的圆,调用复制命令将两个圆复制到长边的端点、等分点处以及短边的中点处,最后使用 TRIM 命令修剪即可。

提示:线段等分后,务必打开对象捕捉中“节点”功能,否则等分点不能被捕捉。

4. 绘制习题 1-4 时,确定圆心距,分别绘制四个圆,使用直线和偏移命令绘制左右两圆之间的直线,使用直线命令绘制左右两圆之间的外切线,将绘制好的图形复制出来且旋转 80°,并移回至原先图形。调用圆角命令绘制半径为 $R10$ 的圆角,如图 3-2 所示。

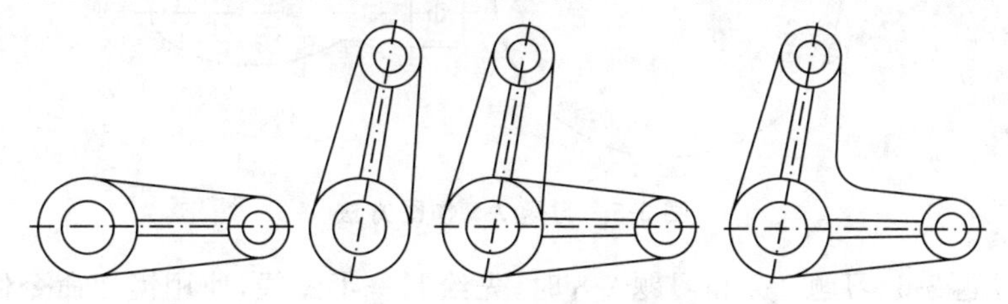

图 3-2　习题 1-4 作图方法

5. 绘制习题 1-5 时,先打开正交命令,绘制图形中水平线、竖直线,启用直线命令,指定斜度线通过左边点作为起始点,指定下一点时使用相对坐标,输入@3,1,调用延伸命令将已绘制的倾斜线延伸到右边边界,最后使用 TRIM 命令修剪即可,如图 3-3 所示。

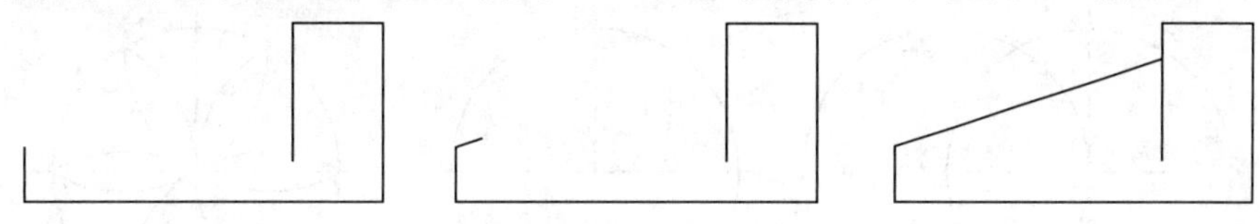

图 3-3　习题 1-5 作图方法

6. 绘制习题 1-6 锥度时,使用上述方法画斜度线,最后使用镜像命令作出与之对称的锥度母线即可。

7. 绘制习题 2-1 时,启用正多边形命令画边长为 15 的正方形,使用分解命令将其炸开,调用偏移命令绘制内部直线,使用 TRIM 命令修剪,最后用复制命令指定基点依次复制即可,如图 3-4 所示。

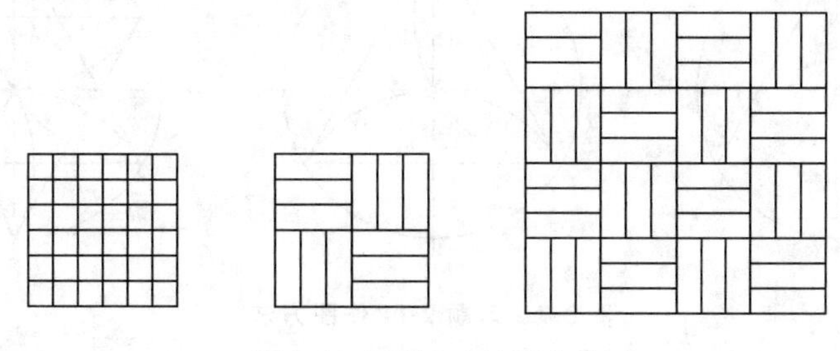

图 3-4　习题 2-1 作图方法

8. 绘制习题 2-2、习题 2-3 和习题 2-4 时,调用定数等分命令,结合其他绘图命令通过等分点绘图即可。

9. 习题 2-5 主要考查圆命令的熟练使用,绘制出上半部分。使用 TRIM 命令修剪,最后使用镜像命令作出与之对称的图线即可，如图 3-5 所示。

提示：本题中，$\varnothing$30 的尺寸界限是一个关键要素，应作出辅助线，使用圆命令中“相切、相切、半径”功能绘制$\varnothing$100 圆，然后修剪，否则 R50 圆弧无法绘制。

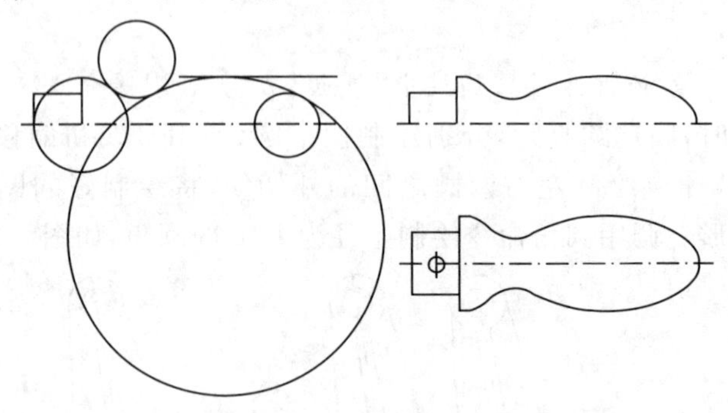

图 3-5　习题 2-5 作图方法

10. 绘制习题 2-6、习题 2-7 和习题 2-8 时，先绘制一半图线，使用镜像命令作出与之对称的图线即可。

11. 绘制习题 2-9 时，先绘制圆和一个凸起，调用阵列命名中“环形阵列”方式，确定中心点、选取凸起为阵列对象，设定项目数目为 8 即可，最后使用 TRIM 命令修剪即可。

12. 习题 2-10 绘制方法如图 3-6 所示。

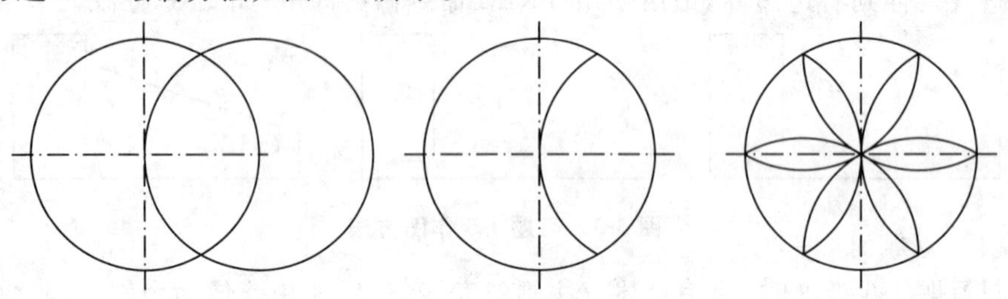

图 3-6　习题 2-10 作图方法

13. 习题 2-11 绘制方法如图 3-7 所示，其中内部圆弧使用圆弧命令中“三点”功能绘制。

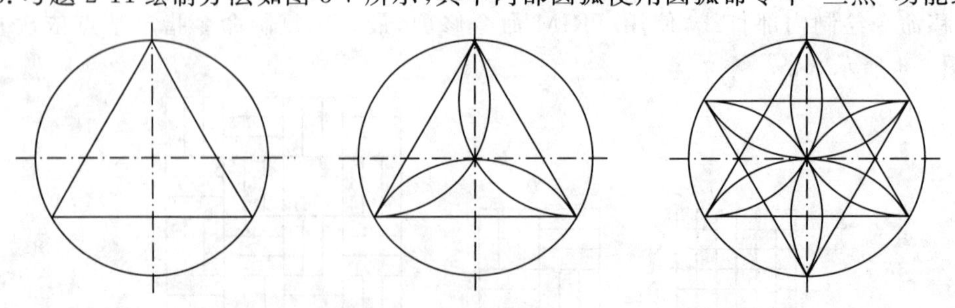

图 3-7　习题 2-11 作图方法

14. 图形绘制完成后，分别赋名保存，退出 AutoCAD。

第 3 章　习题

习题 1

1-1

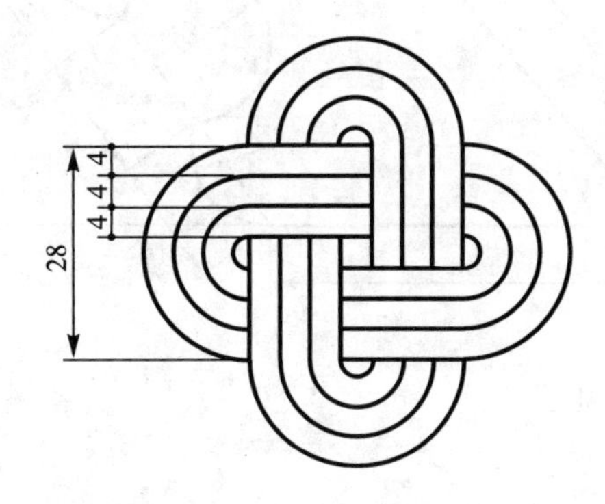

1-2

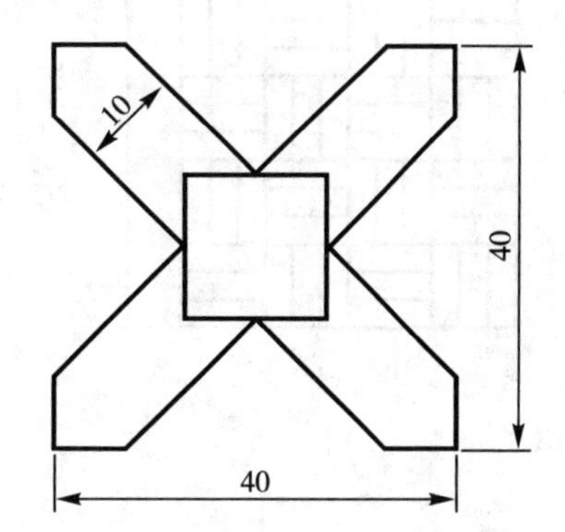

1-3

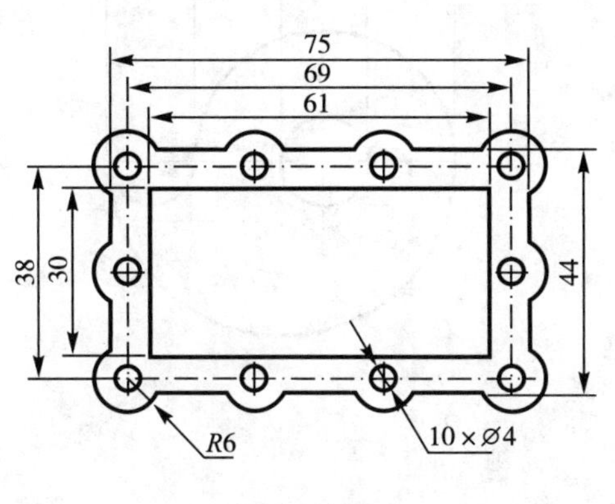

1-4

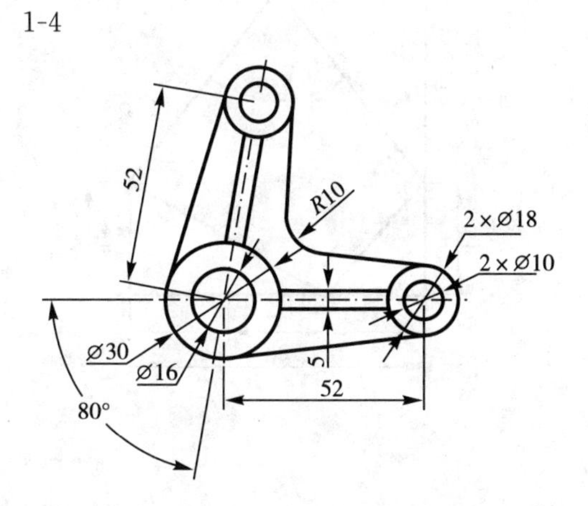

1-5

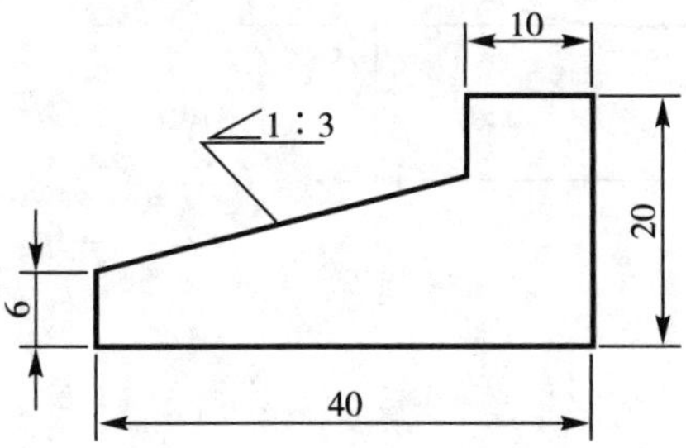

1-6

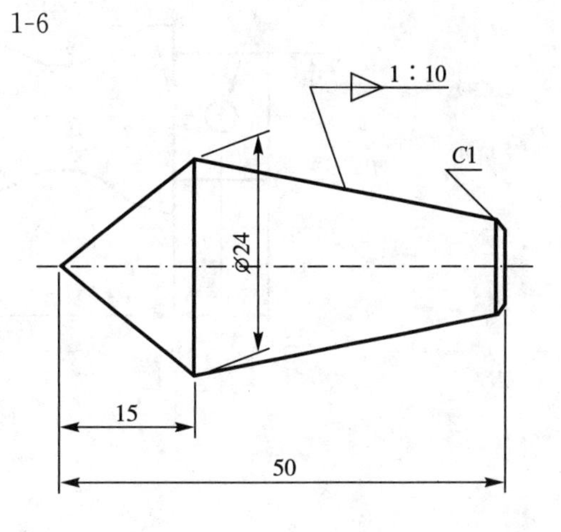

10
1∶3
20
6
40

习题 2

2-1

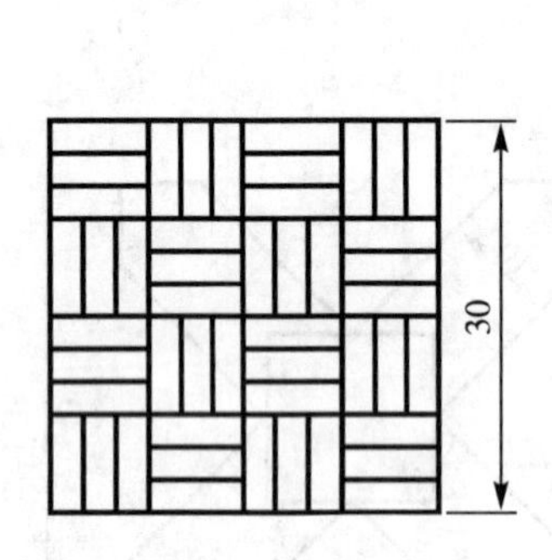

2-2

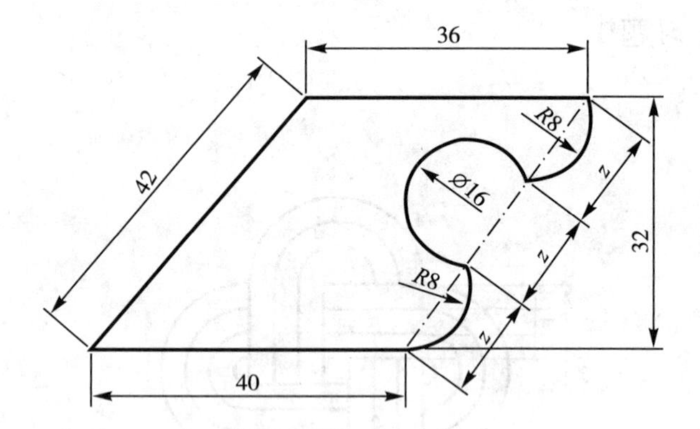

2-3

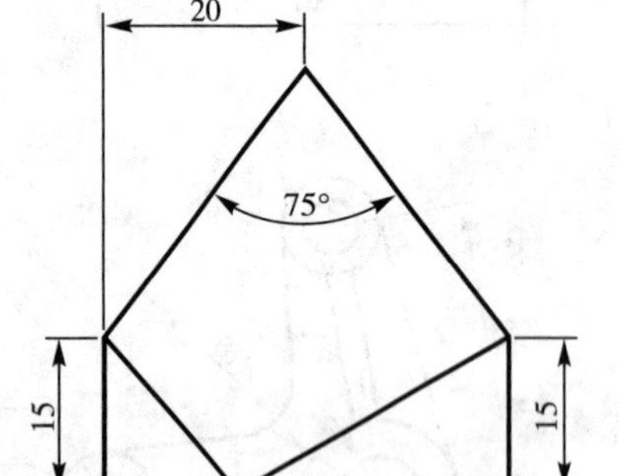

2-4

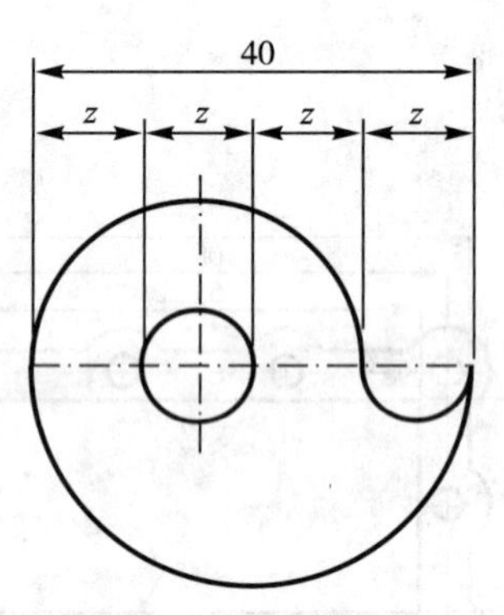

2-5

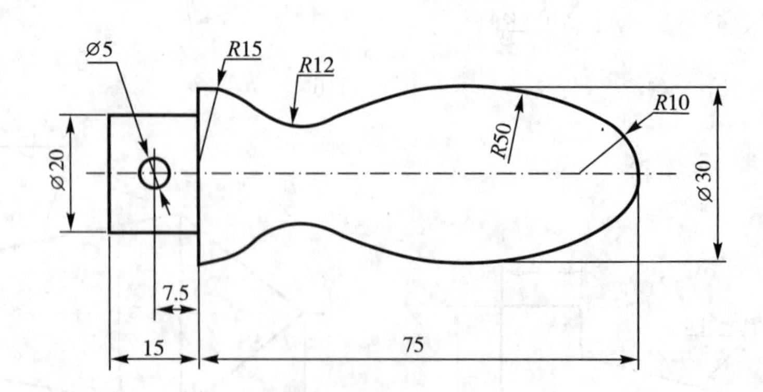

2-6

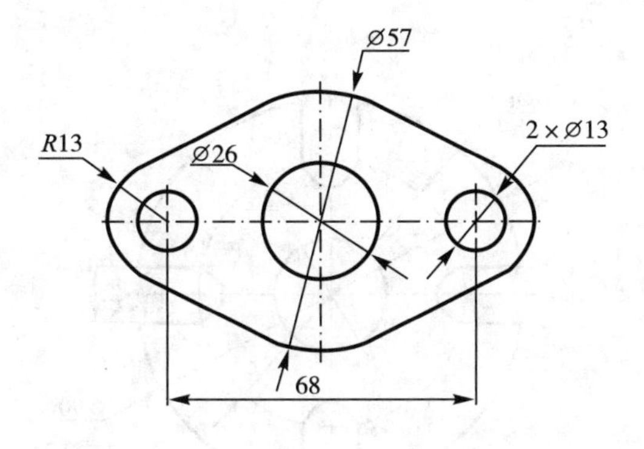

2-7

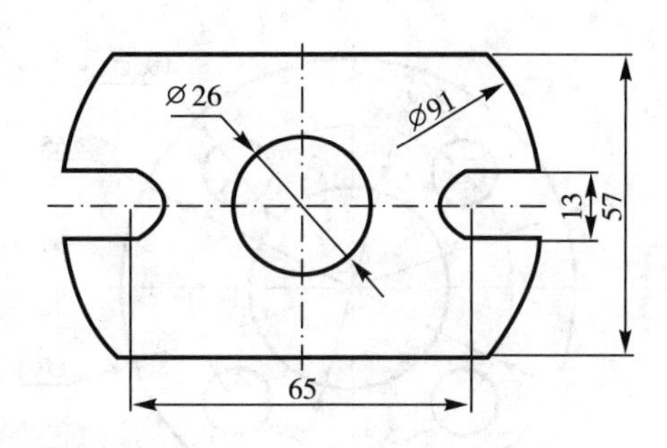

2-8

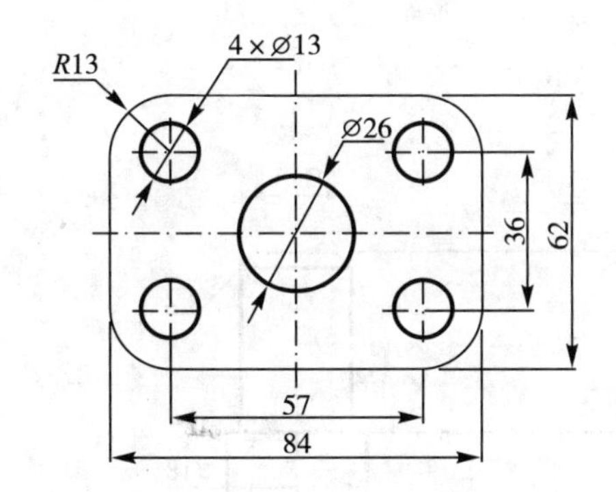

2-9

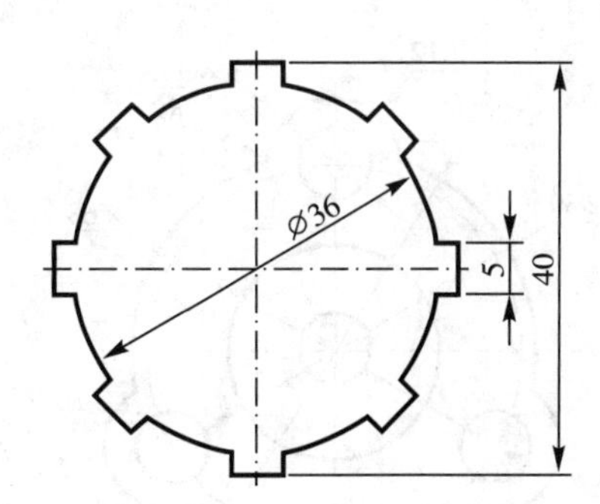

2-10

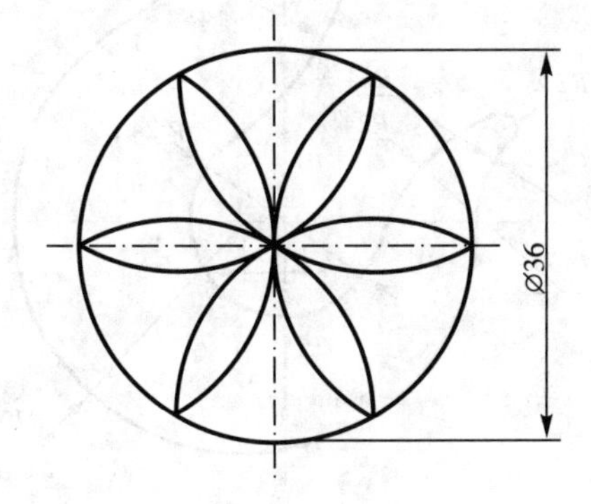

2-11

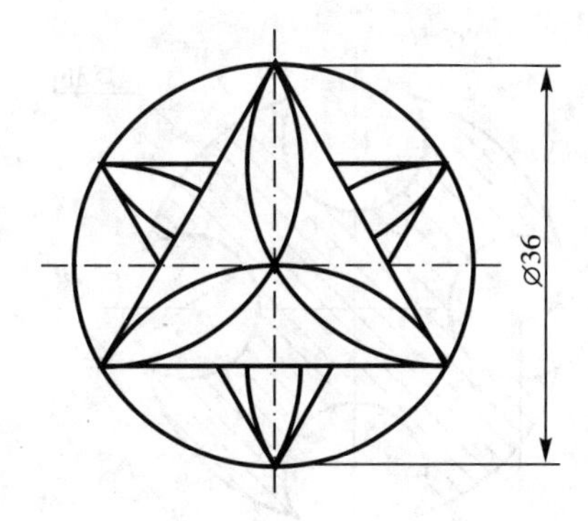

习题 3

3-1

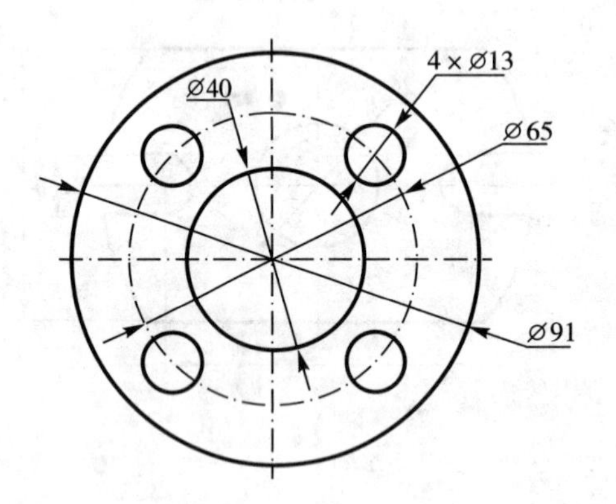

3-2

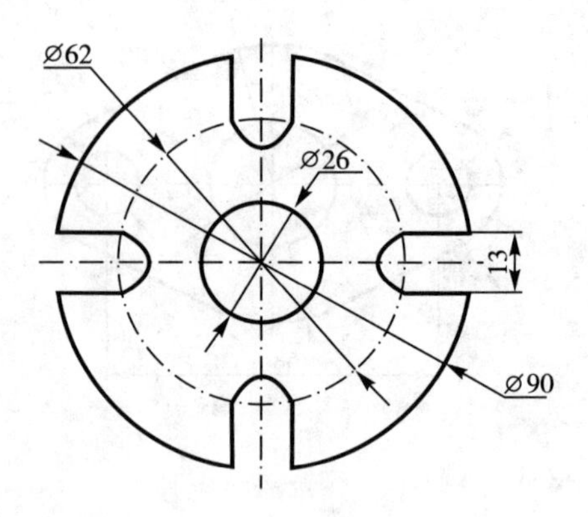

3-3

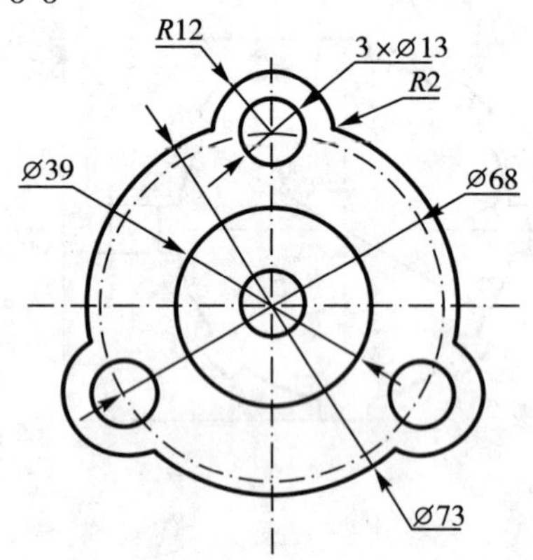

3-4

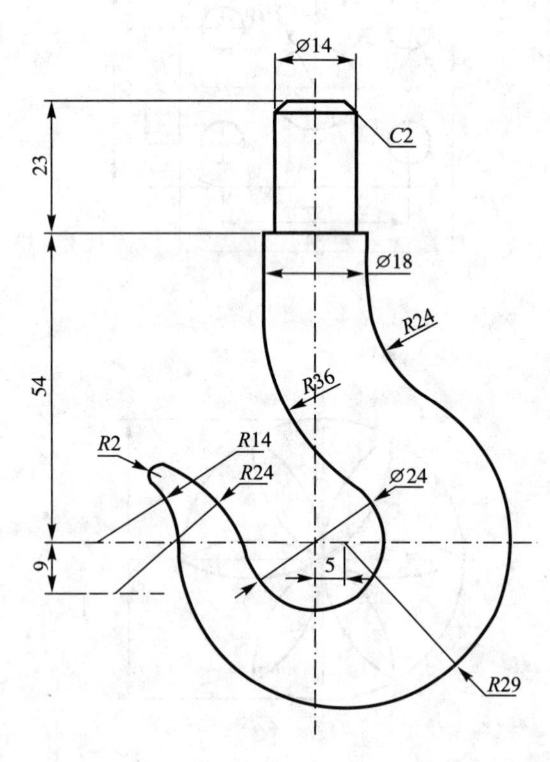

3-5

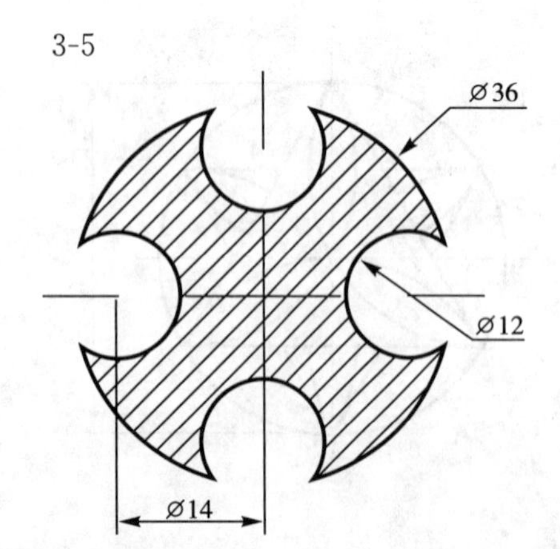

习题 4

4-1

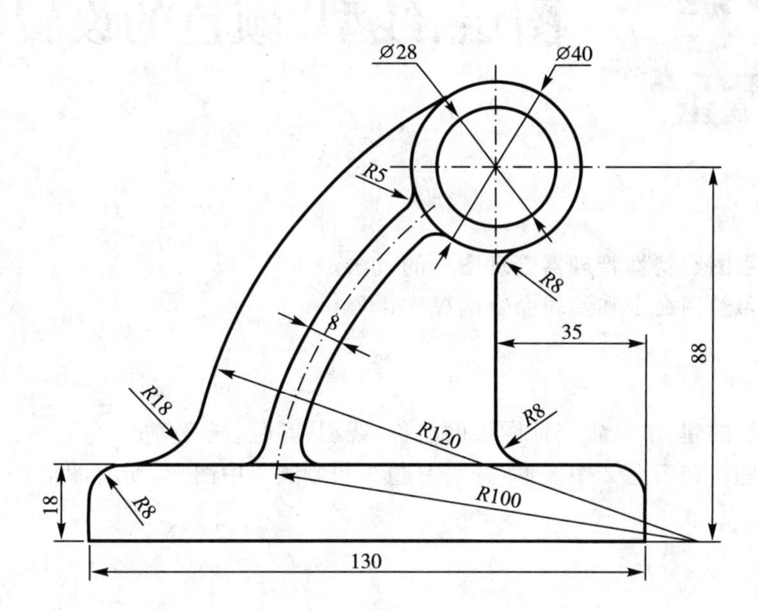

Ø28
Ø40
R5
R8
8
35
88
R18
R8
R120
18
R8
R100
130

4-2

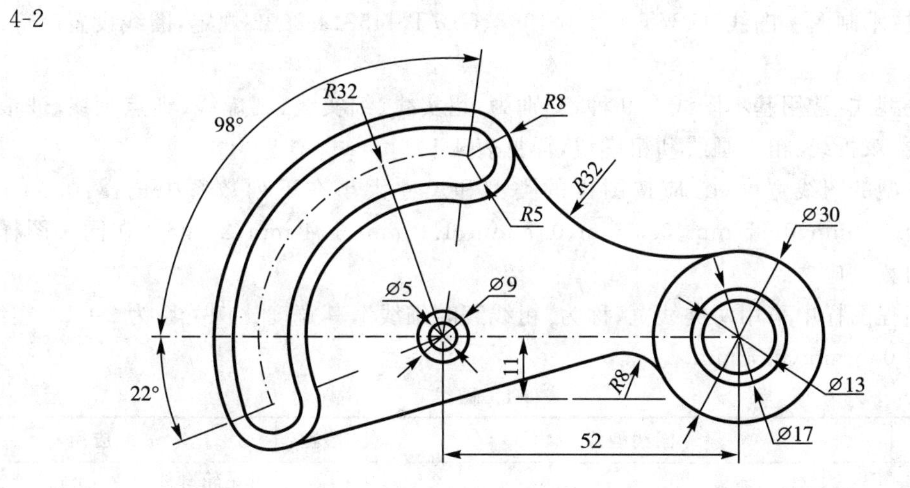

98°
R32
R8
R32
R5
Ø30
Ø5
Ø9
11
R8
Ø13
22°
Ø17
52

图层、线型、颜色的设置和使用

一、实验目的

1. 掌握使用图层特性管理器管理图层的方法；

2. 继续练习绘图命令和编辑命令的操作。

二、实验内容

1. 学习图层的建立，设置当前图层的名称、线型、颜色、线宽等；

2. 绘制习题 1 和习题 2 中图形，选绘习题 3 和习题 4 中图形，所有图形按 1∶1 绘制，不要求标注尺寸。

三、基本要求

根据《技术制图 · 图线》GB/T 17450-1998、GB/T 4457.4-2002 规定，图线设置时应注意以下几点。

1. 图线型式：常用基本图线有 9 种，分别为：粗实线、细实线、细虚线、细点画线、波浪线、细双点画线、双折线、粗点画线和粗虚线，详见表 4-1。

所有线型的图线宽度（d）应按图样的类型和尺寸大小在下列数系中选择：0.13 mm、0.18 mm、0.25 mm、0.35 mm、0.5 mm、0.7 mm、1.0 mm、1.4 mm、2 mm。在同一图样中，同类图线的宽度应一致。

机械工程图样中采用两类线宽，称为“粗线”和“细线”，其宽度比例关系为 2∶1。粗线宽度优先采用 0.5 mm、0.7 mm。

表 4-1　图线

图线名称	图线型式	线宽	一般应用
粗实线	————————	d	可见轮廓线 可见过渡线
细实线	————————	0.5d	尺寸线及尺寸界线 剖面线、引出线 重合断面的轮廓线 螺纹的牙底线及齿轮的齿根线 分界线及范围
细虚线	- - - - - - - - - -	0.5d	不可见轮廓线 不可见过渡线
细点画线	—·—·—·—·—	0.5d	轴线、对称中心线 轨迹线、节圆及节线
波浪线	～～～～～～	0.5d	断裂处的边界线 视图和剖视的分界线

续表

图线名称	图线型式	线宽	一般应用
细双点画线		0.5d	相邻辅助零件的轮廓线 极限位置的轮廓线
双折线		0.5d	断裂处的边界线 视图和剖视的分界线
粗点画线		d	限定范围的表示线
粗虚线		d	允许表面处理的表示线

2. 图线的画法

(1)点画线和双点画线的首末两端应为“线”而不应为“点”。

(2)绘制圆的对称中心线时,圆心应为“线”的交点。首末两端超出图形外 2～5 mm。

(3)在较小的图形上绘制细点画线和细双点画线有困难时,可用细实线代替。

(4)虚线、点画线或双点画线和实线相交或它们自身相交时,应以“线”相交,而不应为“点”或“间隔”。

(5)虚线、点画线或双点画线为实线的延长线时,不得与实线相连,如图 4-1 所示。

(6)图线不得与文字、数字或符号重叠、混淆。不可避免时,应首先保证文字、数字或符号清晰。

(7)除非另有规定,两条平行线之间的最小间隙不得小于 0.7 mm。

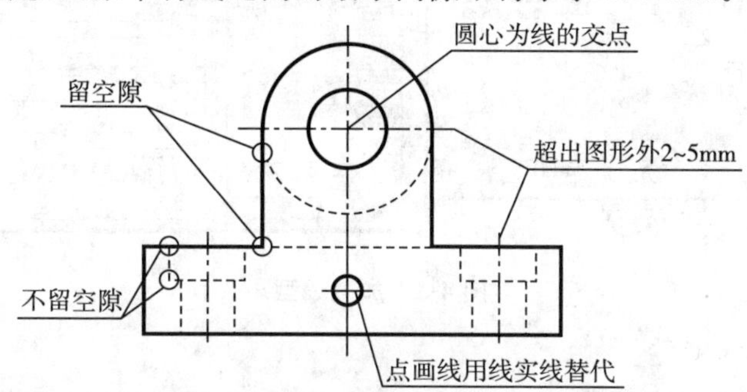

图 4-1 点画线、虚线的绘制方法举例

四、实验步骤

1. 新建图层

在命令行中输入“la”或在格式下拉菜单中点击“图层”选项,打开“图层特性管理器”,点击“新建”按钮,分别建立六个图层,见表 4-2,具体设置如下,如图 4-2 所示。

表 4-2 图层设置

层名	颜色	线型	线宽/mm	用途	打印
0	黑/白	实线(Continuous)	0.3	粗实线	打开
尺寸线	绿	实线(Continuous)	0.05	尺寸、文字	打开
剖面线	蓝	实线(Continuous)	0.05	剖面线	打开
细实线	黑/白	实线(Continuous)	0.05	细实线	打开
虚线	洋红	虚线(DASHED2)	0.05	虚线	打开
中心线	红	点画线(DASHDOT2)	0.05	中心线	打开

图 4-2 【图层特性管理器】设置

设置中心线和虚线时，需打开“选择线型”对话框，加载线型，如图 4-3 所示。

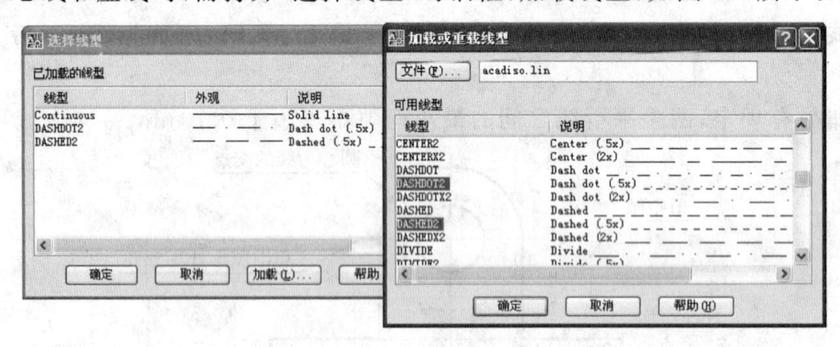

图 4-3 加载线型

2. 调用图层

点击图层对话框右边下拉键，可以浏览步骤 1 添加的所有图层，任意点击一个图层就可将该层设置为当前层，且后面的“特性”对话框会显示该图层线的颜色、线型和线宽，如图 4-4 所示。

图 4-4 图层调用

3. 绘制习题 1-1 时，调用“0”图层为当前层，绘制主、左视图轮廓线；再调用“虚线”图层绘制不可见轮廓线。

4. 绘制习题 1-2、习题 1-3 时，调用“中心线” 图层为当前层，布图、定位；再调用“0”图层绘制主、左视图轮廓线；最后调用“虚线”图层绘制不可见轮廓线。

5. 绘制习题 2 齿轮时，调用“中心线” 图层为当前层，布图、定位，再调用“0”图层绘制齿轮主、左视图轮廓线；最后调用“虚线”图层绘制不可见轮廓线。

6. 图形绘制完成后，分别赋名保存，退出 AutoCAD。

第 4 章　习题

习题 1

1-1

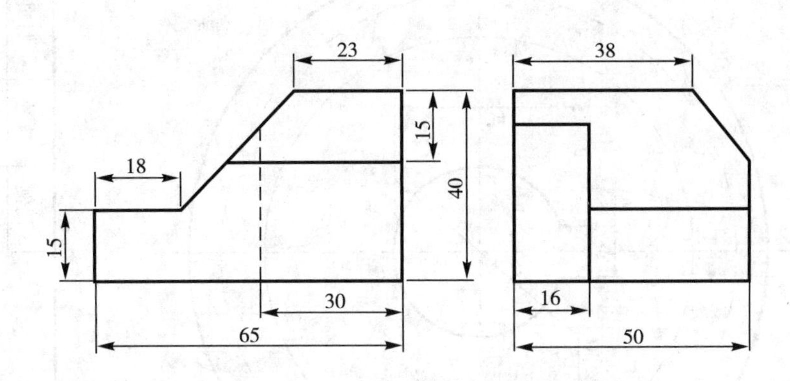

1-2

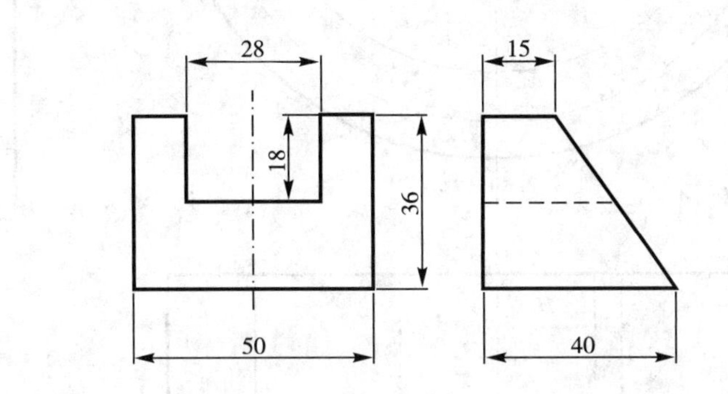

1-3

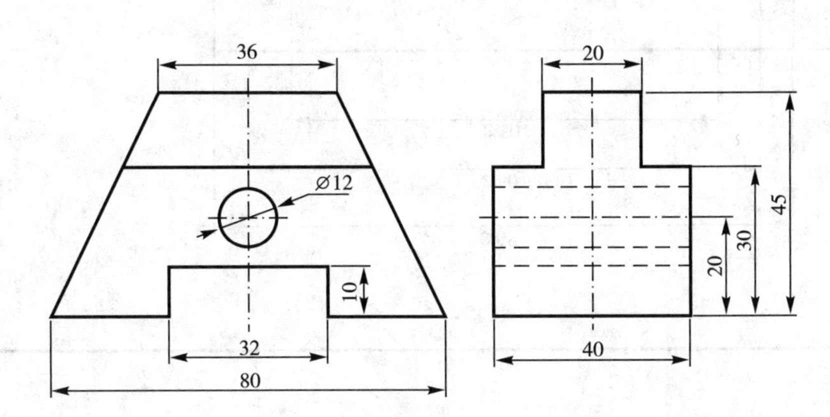

习题 2

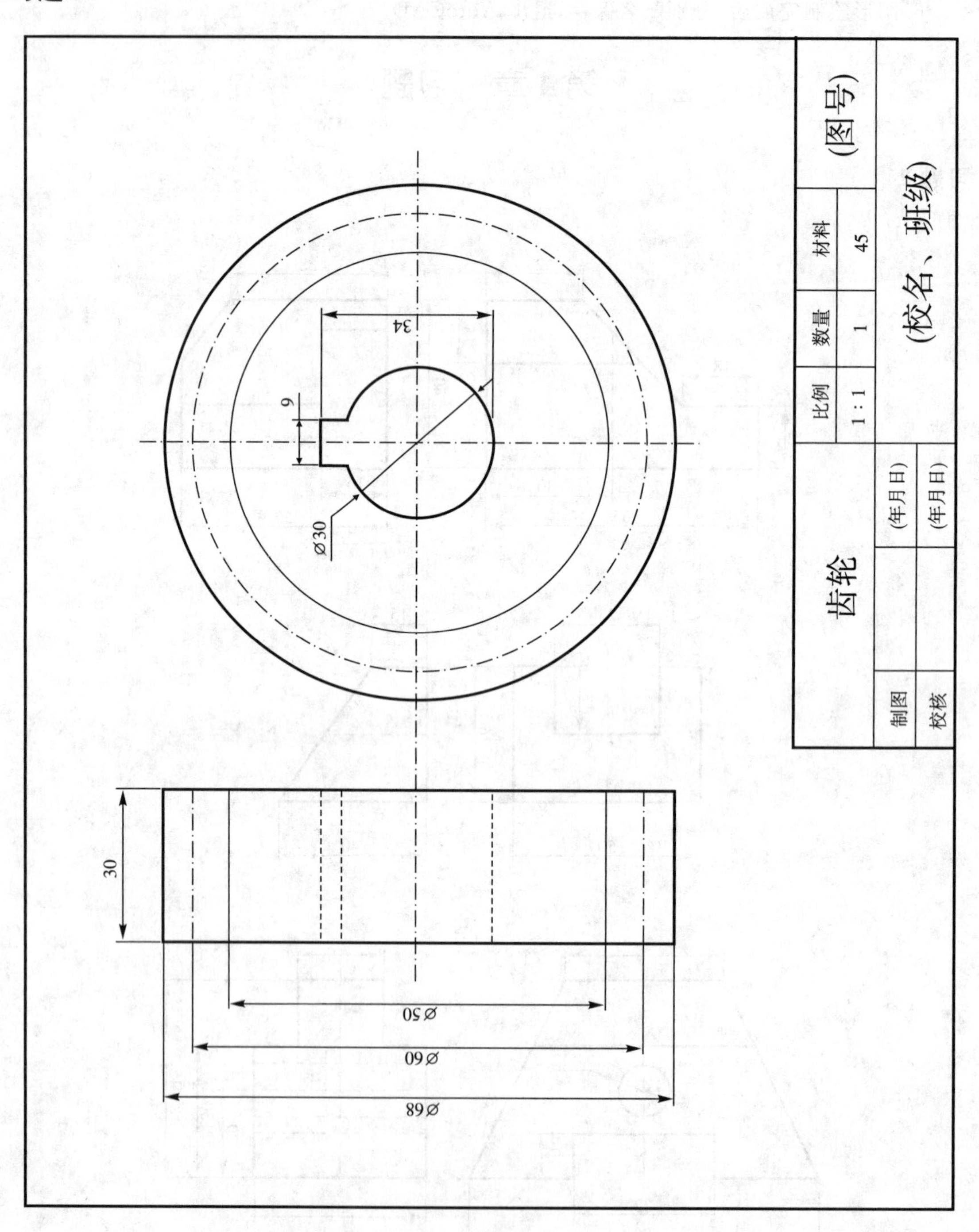

习题 3

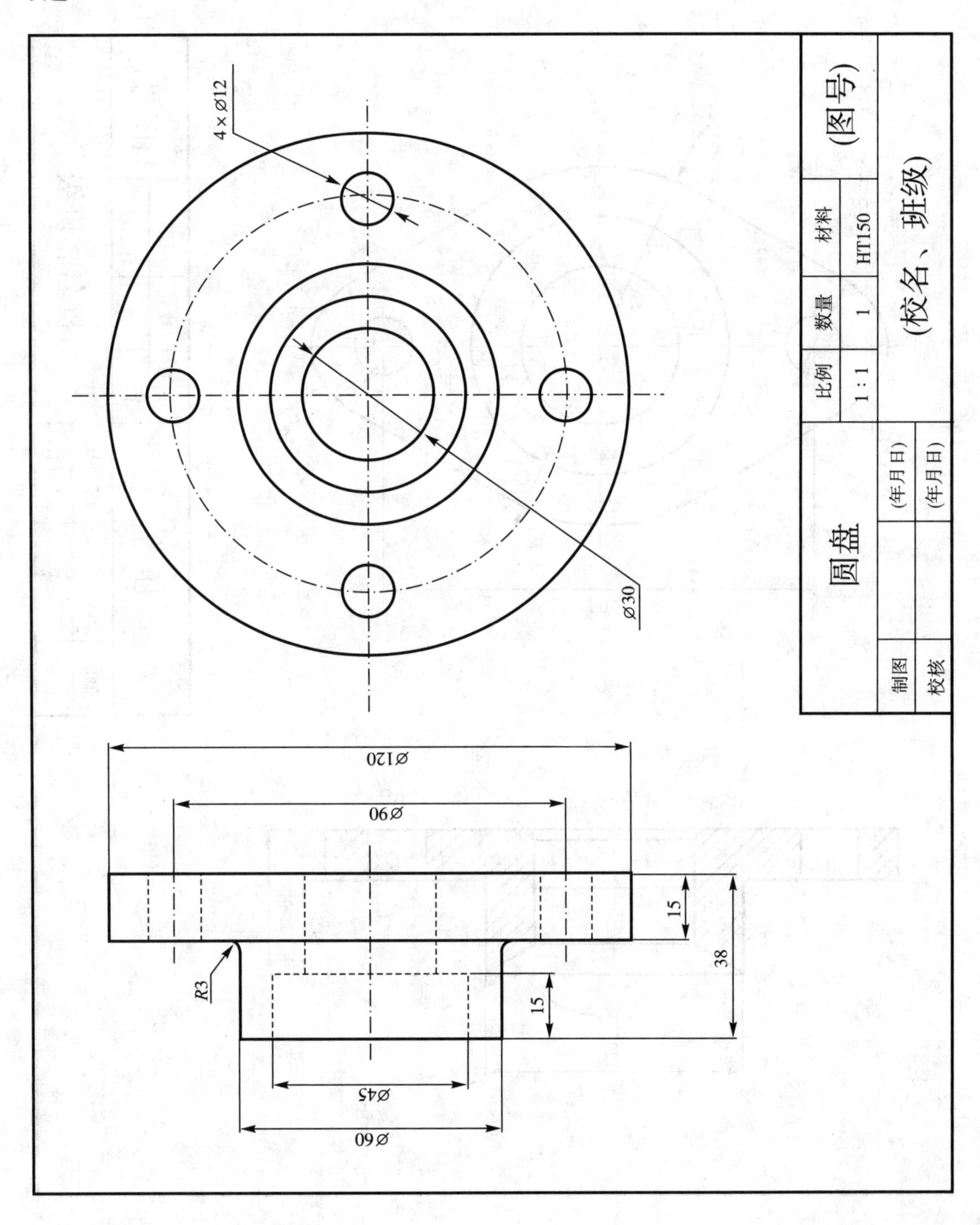
4×∅12
∅30
∅120
∅90
15
38
R3
15
∅45
∅60
(图号)
比例
数量
材料
1 : 1
1
HT150
(校名、班级)
圆盘
制图
校核
(年月日)
(年月日)

习题 4

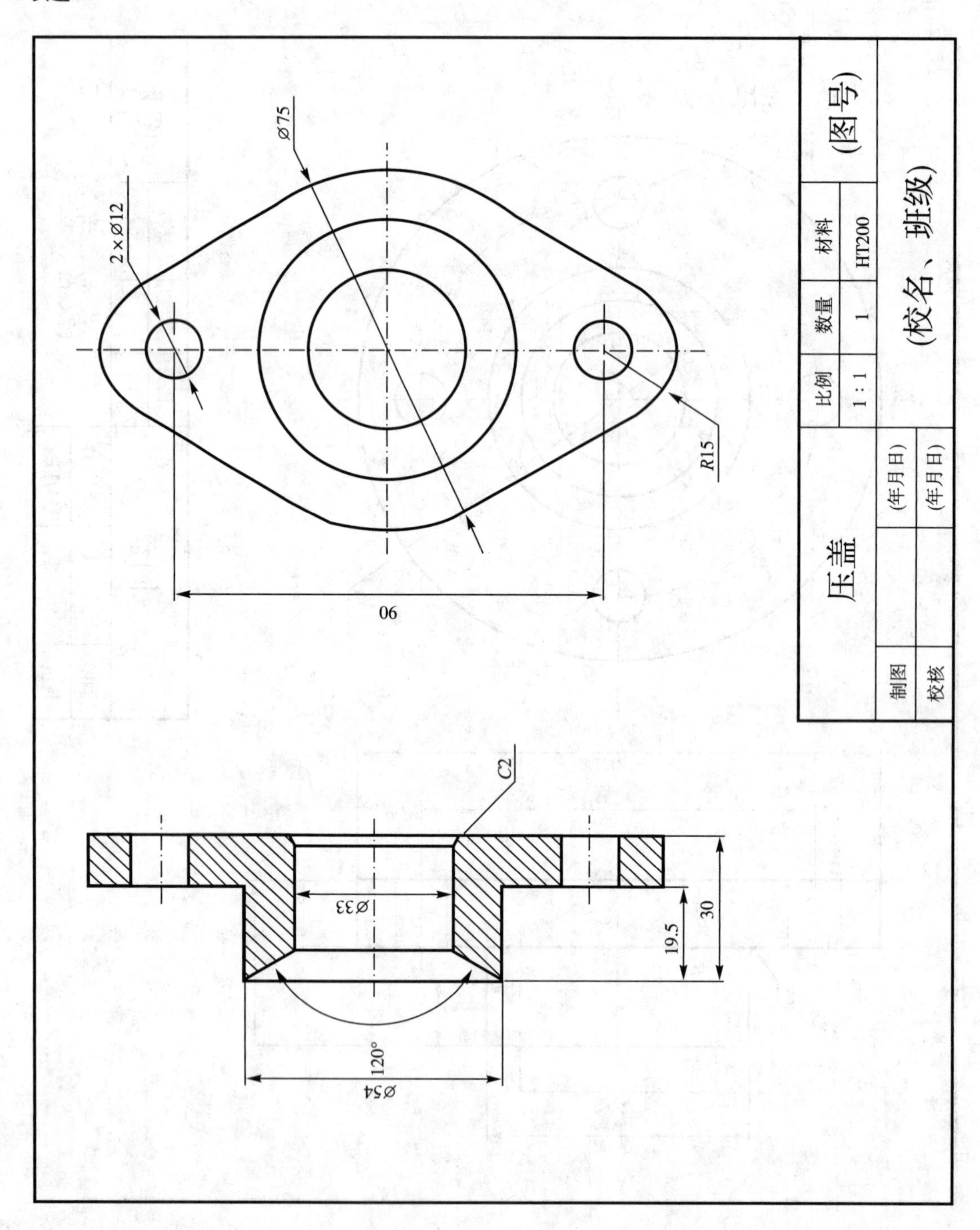
Ø75
2×Ø12
R15
90
C2
Ø33
19.5
30
120°
Ø54
压盖
比例
数量
材料
(图号)
1:1
1
HT200
制图
校核
(年月日)
(年月日)
(校名、班级)

文字、表格及尺寸标注操作

一、实验目的

1. 掌握文字样式的创建和文字的编辑；
2. 掌握表格的绘制方法；
3. 熟悉尺寸标注样式管理器，掌握常用的尺寸标注样式的设置方法；
4. 掌握各个尺寸标注命令的功能与格式；
5. 掌握尺寸标注及尺寸公差标注的操作方法；
6. 掌握尺寸的编辑方法；
7. 继续练习图层命令。

二、实验内容

1. 依据《机械制图》国家标准练习文字输入；
2. 依据《机械制图》国家标准绘制 A4 图框；
3. 练习符合《机械制图》国家标准的必要尺寸标注样式的设置；
4. 练习各标注命令的功能与操作方法；
5. 练习带公差代号或极限偏差的尺寸的标注；
6. 绘制习题 1、习题 2、习题 3 和习题 4 中图形，选绘习题 5 和习题 6 中图形；
7. 所有图形按 1∶1 绘制，标注尺寸和公差。

三、基本要求

1. 依据《机械制图 · 尺寸标注》GB/T 4458.4-2003、GB/T 19096-2003 规定，标注尺寸有以下要求。

(1)基本规则

①机件的真实大小应以图上所注尺寸数值为依据，与图形的大小及绘图的准确度无关。

②图样中所标注的尺寸，为该图样所示机件的最后完工尺寸，否则应另加说明。

③机件的每一尺寸，一般只标注一次，并应标注在反映该结构最清晰的图形上。

④图样中的尺寸，以 mm 为单位时，不需标注计量单位的代号或名称，如采用其他单位，则必须注明相应的计量单位的代号或名称。

⑤标注尺寸时，应尽可能使用符号和缩写词，见表 5-1。

表 5-1　常用的符号和缩写词

名称	符号和缩写词	名称	符号和缩写词
直 径	∅	深 度	*x*
半径	*R*	沉孔或锪平	*v*
球直径	*S*∅	埋头孔	*w*
球半径	*SR*	斜 度	*a*
厚度	*t*	锥度	*y*
正方形	*o*	弧长	*k*
45°倒角	*C*	均布	*EQS*

⑥标注尺寸时,各种常见形位公差符号见表 5-2 所示。

表 5-2　各种符号的具体含义

分类	项目特征	有无基准要求	符号	分类		项目特征	有无基准要求	符号
形状公差	直线度	无	*u*	位置公差	定向公差	平行度	有	*f*
	平面度	无	*c*			垂直度	有	*b*
						倾斜度	有	*a*
	圆度	无	*e*		定位公差	位置度	有或无	*j*
	圆柱度	无	*g*			同轴度	有	*r*
						对称度	有	*i*
	线轮廓度	有或无	*k*		跳动公差	圆跳动	有	*h*
	面轮廓度	有或无	*d*			全跳动	有	*t*

形位公差的包容符号含义分别为:*m* 代表材料的一般中等状况;*l* 代表材料的最大状况;*s* 代表材料的最小状况。

(2)尺寸的组成。一组完整的线性尺寸包括:尺寸界线、尺寸线、尺寸终端和尺寸数字,如图 5-1 所示。

注:CAD 中数字和字母样式设置为"gbeitc. shx"。

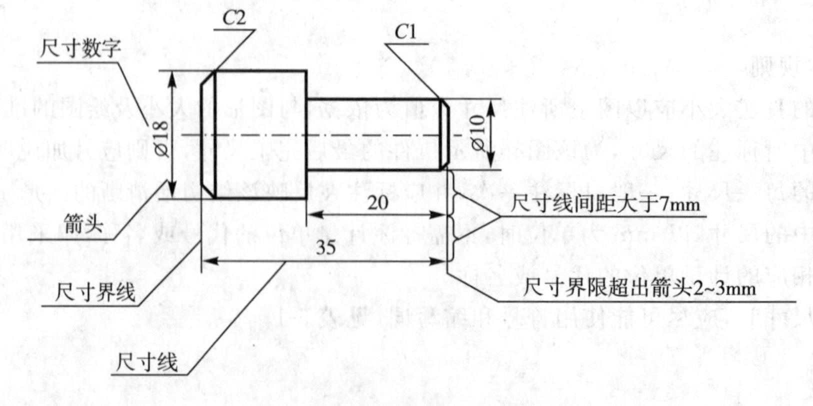

图 5-1　尺寸的组成及标注示例

2. 设置图幅的一些要求。

(1)图纸幅面。

根据《技术制图 · 图纸幅面和格式》GB/T 14689-2008 规定，绘制技术图样时，应优先使用表 5-3 所示的基本幅面，其尺寸关系如图 5-2 所示。

表 5-3 图纸幅面尺寸 单位：mm

幅面代号	A0	A1	A2	A3	A4
$B \times L$	841×1189	594×841	420×594	297×420	210×297
e	20		10		
c	10			5	
a	25				

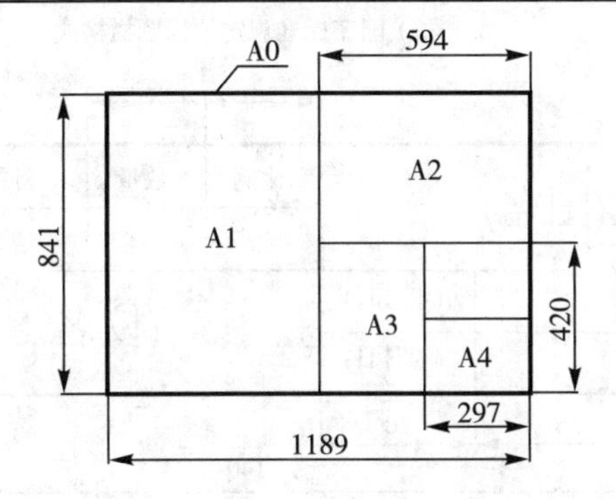

图 5-2 基本幅面的尺寸关系

(2)图框格式。

在图幅内必须用粗实线绘出图框，其格式分为留装订边和不留装订边两种(同一产品的图样只能采用一种格式)，如图 5-3(a)、(b)所示。使用时，图纸可以横放(X 型图纸)，也可以竖放(Y 型图纸)。

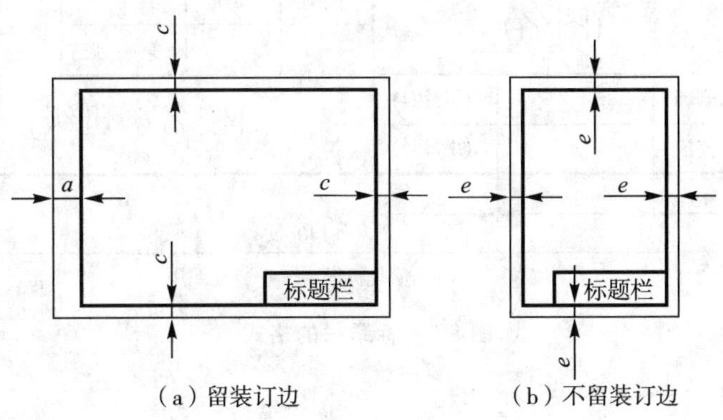

(a) 留装订边　(b) 不留装订边

图 5-3 图框格式

(3)标题栏。

标题栏的格式和尺寸应按照《技术制图 · 标题栏》GB/T 10609.1—2008 的规定画出，如图 5-4(a)所示。在制图作业中建议采用图 5-4(b)和图 5-4(c)的格式和尺寸。图幅中文字字体样式设置为“长仿宋体”。

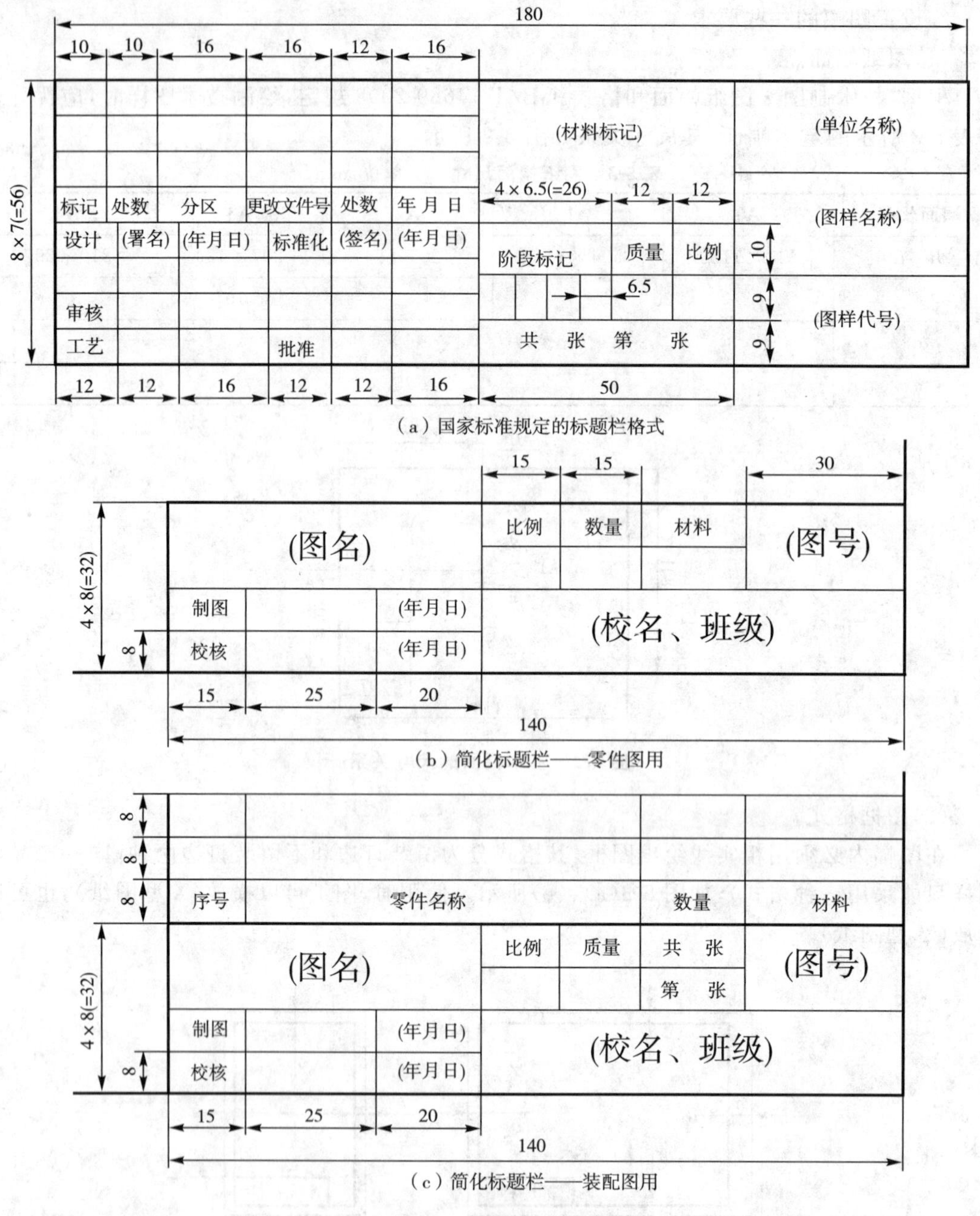

（a）国家标准规定的标题栏格式

（b）简化标题栏——零件图用

（c）简化标题栏——装配图用

图 5-4　标题栏的格式

四、作图提示

1. 习题 1-2 中，使用多行文字输入图中符号和数字，选中符号和数字点击堆叠符号“$\frac{a}{b}$”即可完成输入，如图 5-5 所示。默认情况下，“/”字符堆叠成居中对齐的分数形式；“#”字符堆叠成斜线分开的分数形式；“^”字符堆叠成左对齐、上下排列的公差形式。选择堆叠文字，然后单击右键，弹出快捷菜单，在其中选择“堆叠特性”对话框，可对数字特性进行设置，如图 5-6 所示。

图 5-5　【文字格式】对话框设置

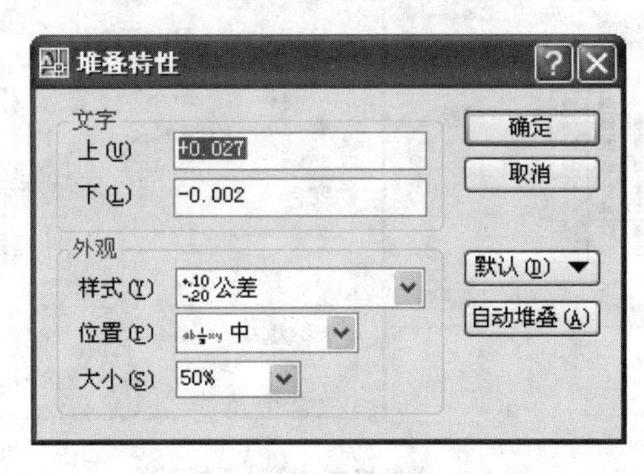

图 5-6　【堆叠特性】对话框

2. 习题 1-3 中，在文字格式对话框中，将字体样式设置为“gdt”，如图 5-7 所示，依次输入 U、C、E、G、K、D、F、B、A、J、R、I、H、T、M、L、S 即可。

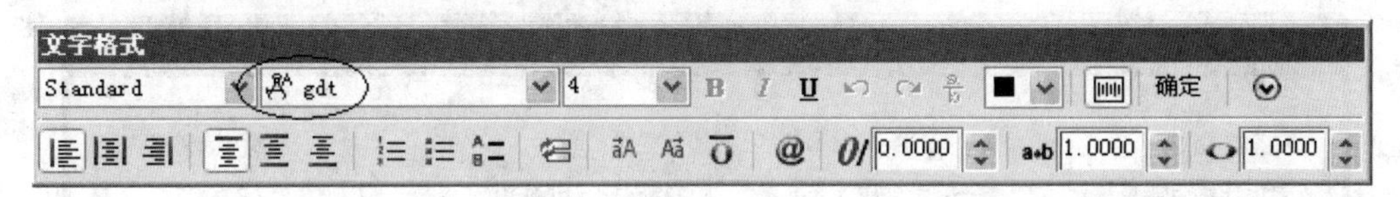

图 5-7　设置文字格式为“gdt”

五、实验步骤

1. 点击“格式”→“文字样式”，或在命令行输入“ST”，打开文字样式对话框，设置字体为“长仿宋体”，字体高度设置为 4，如图 5-8 所示。

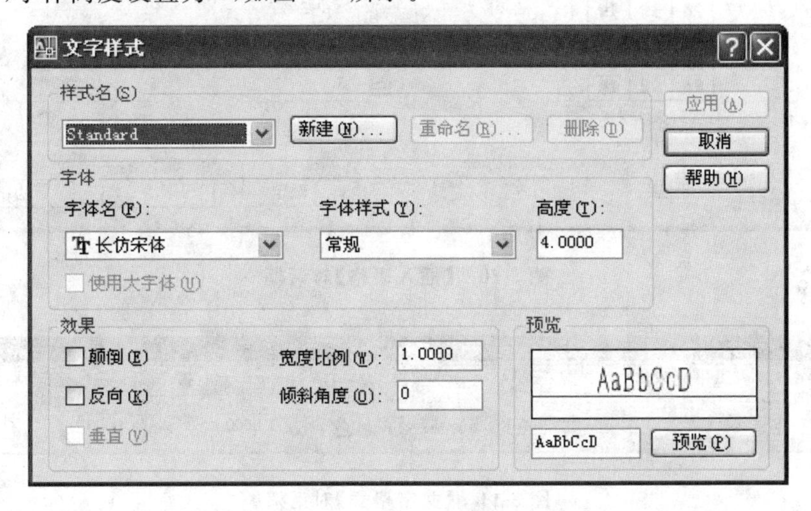

图 5-8　【文字样式】对话框设置

2. 点击“格式”→“表格”，或在命令行输入“TS”，打开表格样式对话框，点击“修改”按钮，可以设置表格样式，如图 5-9 所示。

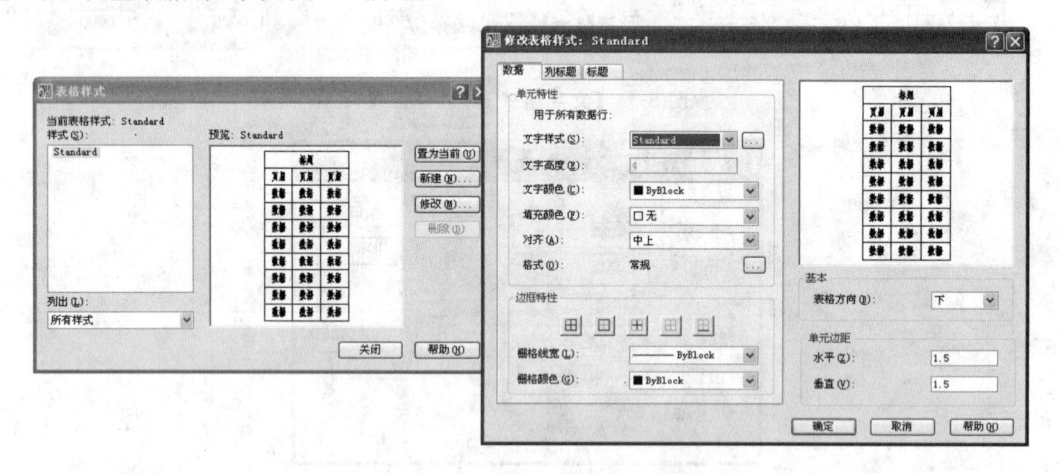

图 5-9 【表格样式】对话框设置

3. 绘制 X 型(297×210)和 Y 型(210×297)2 种 A4 图框，调用绘图栏表格和多行文字命令绘制标题栏，如图 5-10、图 5-11 所示，所绘图框如习题 3、习题 6 所示，并分别保存。

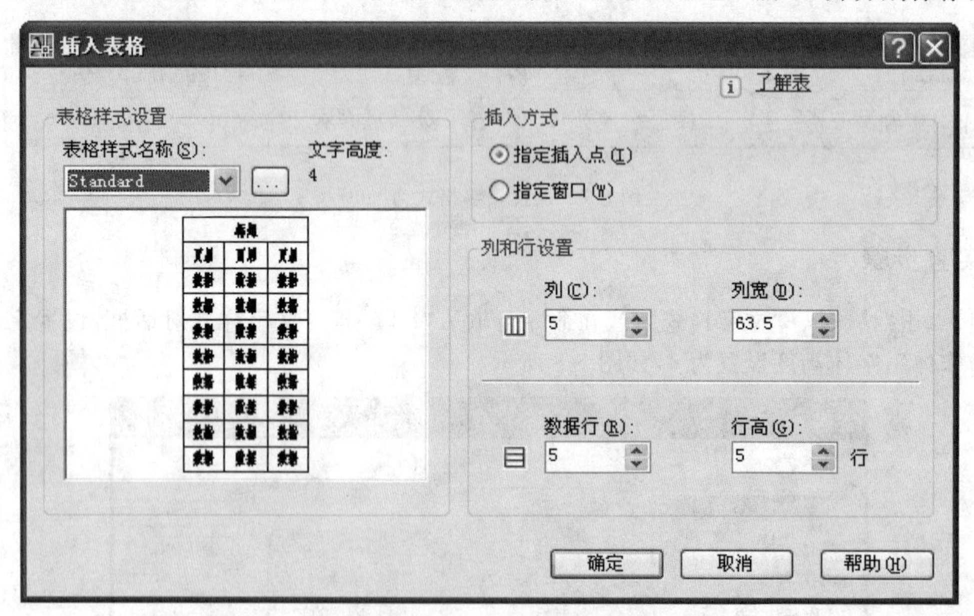

图 5-10 【插入表格】对话框

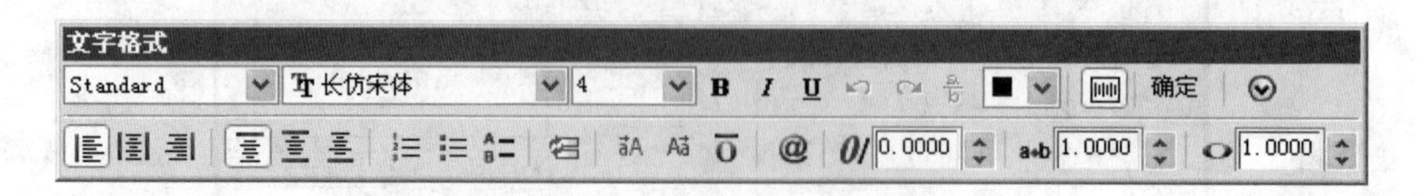

图 5-11 【文字格式】对话框

4. 点击“格式”→“标注样式”，或在命令行输入“D”，打开标注样式管理器，点击“修改”按钮，可以设置标注样式，如图 5-12 所示。

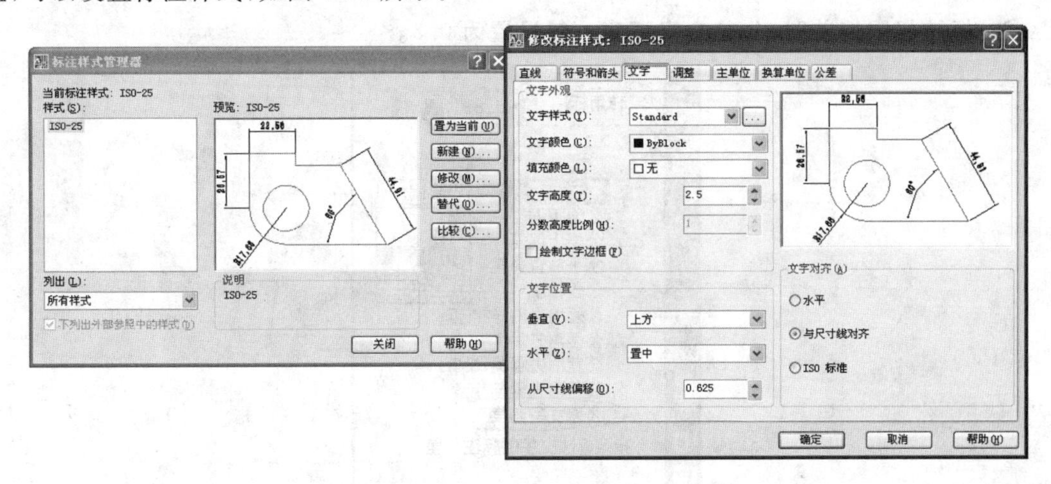

图 5-12　【标注样式】对话框设置

在工具栏空白处点击右键，打开“ACAD”，勾选“标注”项，即可添加标注工具栏，调用各标注命令即可对图形进行标注，如图 5-13 所示。

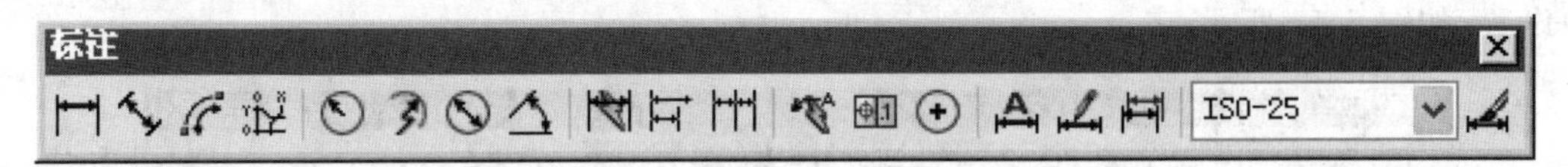

图 5-13　【标注】工具栏

5. 结合步骤 1，完成习题 1-1 的文字输入。

6. 结合作图提示，完成习题 1-2、习题 1-3 的字母、数字和特殊符号的输入。

7. 结合步骤 1、步骤 2 完成表格和明细栏的绘制。

8. 绘制习题 2 中的图形，结合步骤 3，对所有图形进行标注。

9. 打开 X 型 A4 图框，设置图层。使用中心线布图、定位，使用粗实线绘制轮廓线。分别绘制习题 3 轴和习题 4 带轮。最后调用标注工具栏进行标注。

提示：(1) 对于习题 3 中∅50 的线性标注，可以使用文字替代实现：

命令：dimlinear

指定第一条尺寸界线原点或 ＜选择对象＞：

指定第二条尺寸界线原点：

指定尺寸线位置或

[多行文字(M)/文字(T)/角度(A)/水平(H)/垂直(V)/旋转(R)]：t

输入标注文字 ＜50＞：%%C50

指定尺寸线位置或

[多行文字(M)/文字(T)/角度(A)/水平(H)/垂直(V)/旋转(R)]：

标注文字 = 50

(2) 对于习题 3 中的对称和极限偏差，先使用线性标注标注尺寸，选择已标注尺寸，右键点击，在弹出菜单栏中选择“特性”，点击特性对话框中下拉按钮，在公差项目里设置即可，如图 5-14 所示。

注：标注极限偏差时，公差文字高度一般设置为 0.5。

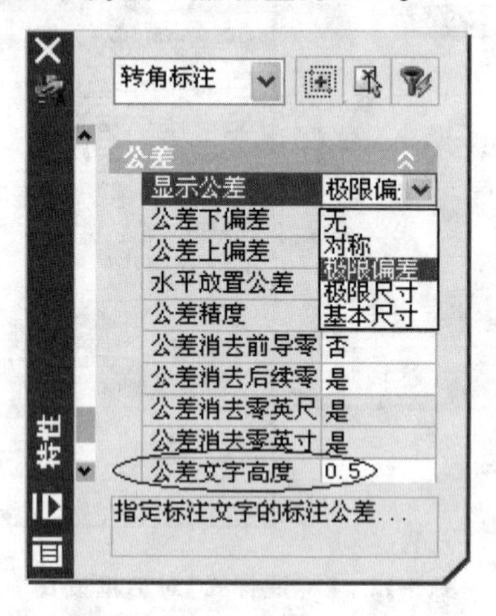

图 5-14　公差设置对话框

(3)对于习题 3 中的尺寸公差标注，点击标注工具栏中“公差”命令，在形位公差对话框中设置，如图 5-15 所示。

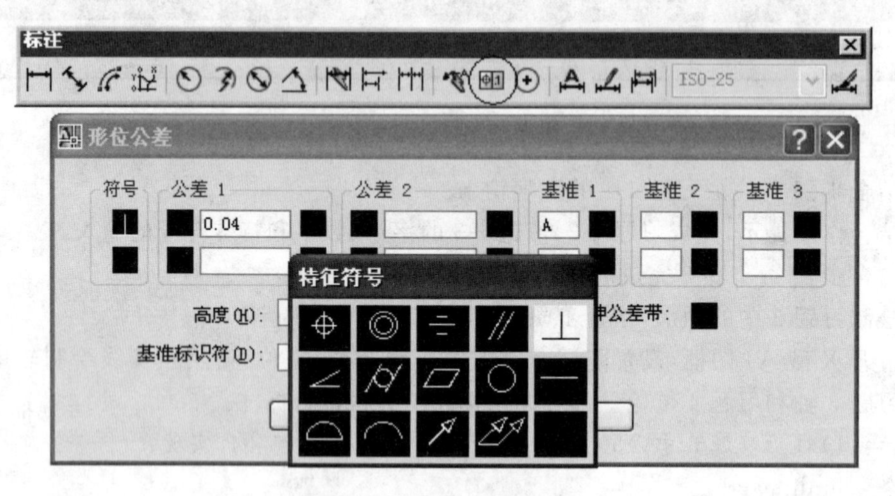

图 5-15　【形位公差】设置

10. 图形绘制完成后，分别赋名保存，退出 AutoCAD。

第 5 章　习题

习题 1

1-1

技术要求

1.锐边倒钝。

2.焊缝不得有夹渣、气孔级裂纹等缺陷。

3.带“*”尺寸与筒体结合后加工。

1-2

$I/2：1=\frac{I}{2：1}$

$40H8\#f7=40^{H8}/_{f7}$

$\varnothing36+0.027\text{^}-0.002=\varnothing36^{+0.027}_{-0.002}$

1-3

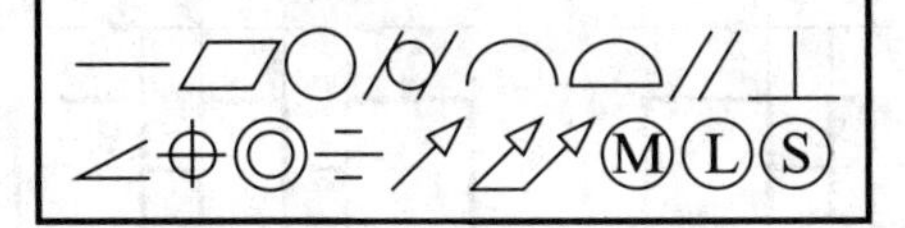

1-4

控制符	含义	输入实例	输出效果
%%C	直径符号	%%C10	∅10
%%P	正负公差符号	50%%P0.01	50 ± 0.01
%%D	度数符号	45%%D	45°
%%O	文字上划线开关	%%OAB%%OC	$\overline{AB}C$
%%U	文字下划线开关	%%UAB%%UC	$\underline{AB}C$

1-5

尺寸：总宽 140；列宽 15、75、30；总高 48；行高 8。

4	螺钉	8	Q235-A
3	从动齿轮	1	45
2	主动齿轮	1	45
1	端盖	1	Ht200
序号	名称	数量	材料
明　细　栏			

习题 2

2-1

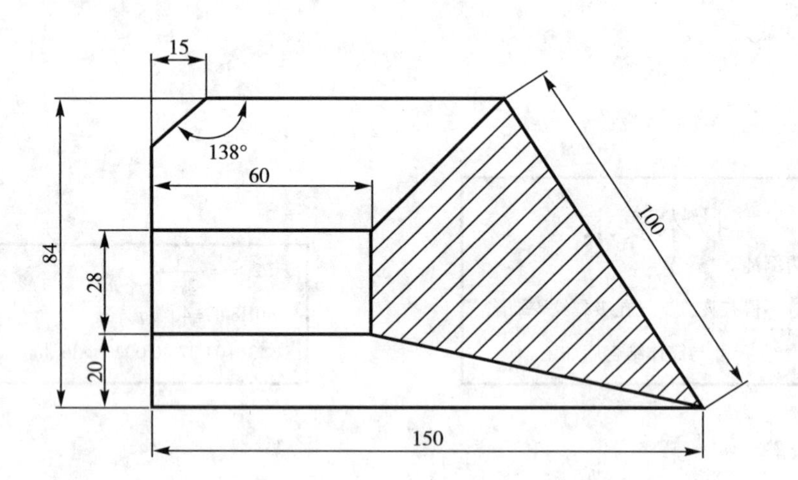

2-2

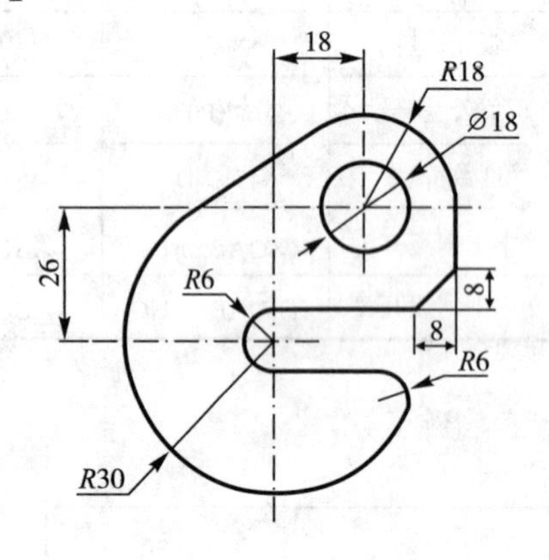

2-3

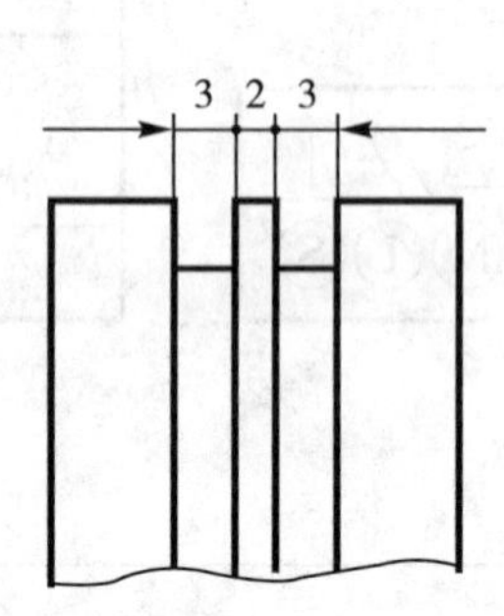

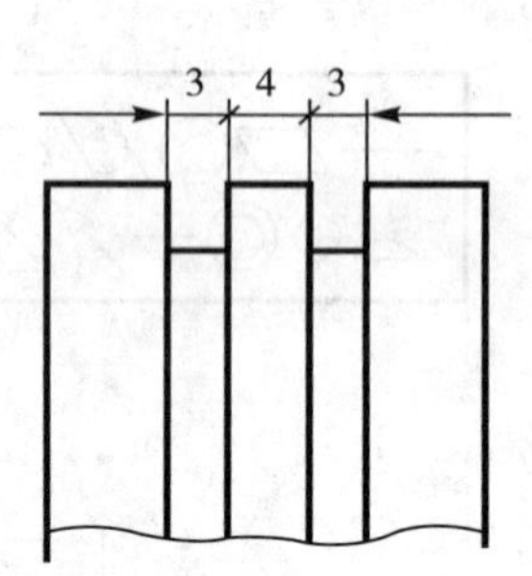

2-4

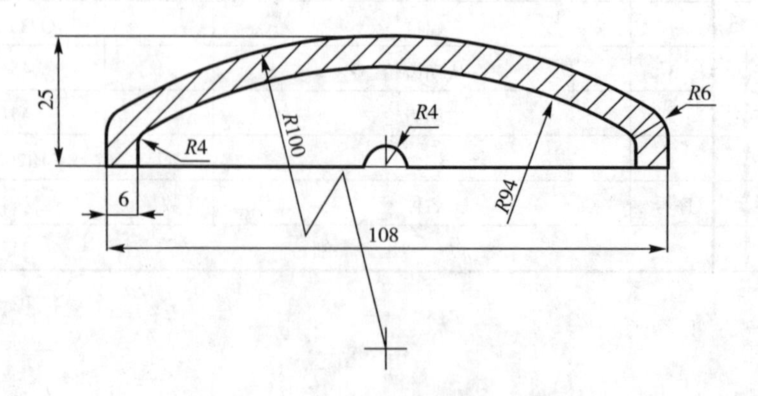

习题 3

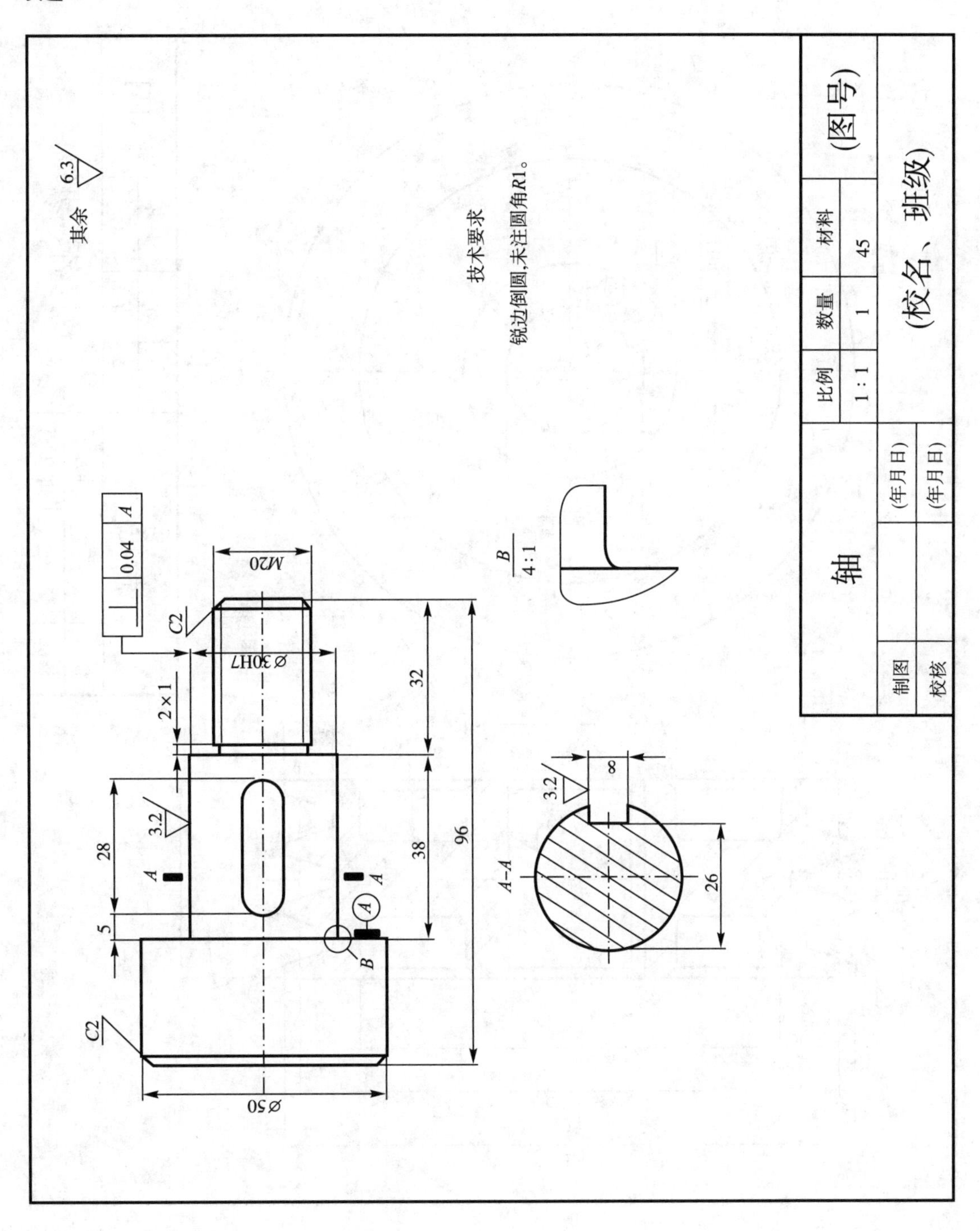
其余 6.3
技术要求
锐边倒圆,未注圆角R1。
轴
比例
1:1
数量
1
材料
45
(图号)
(校名、班级)
制图
(年月日)
校核
(年月日)
B
4:1
A–A
26
8
3.2
0.04
A
M20
C2
⌀30H7
2×1
32
38
96
28
5
3.2
A
A
B
C2
⌀50

习题 4

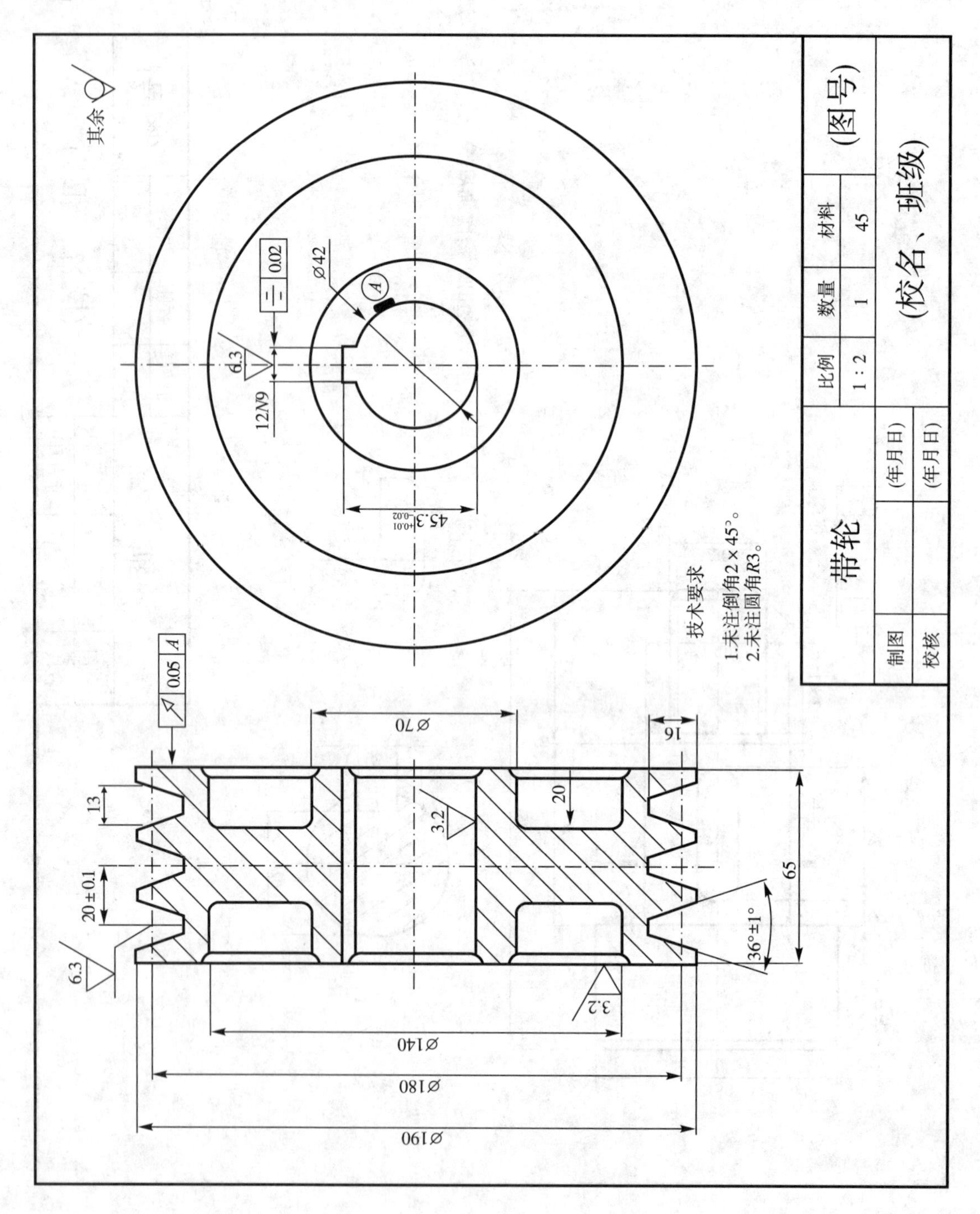
其余
0.02
Ø42
A
6.3
12N9
45.3+0.01 -0.02
技术要求
1.未注倒角2×45°。
2.未注圆角R3。
带轮
比例
1 : 2
数量
1
材料
45
(图号)
制图
(年月日)
校核
(年月日)
(校名、班级)
0.05
A
Ø70
16
13
20
3.2
20±0.1
65
36°±1°
6.3
3.2
Ø140
Ø180
Ø190

习题 5

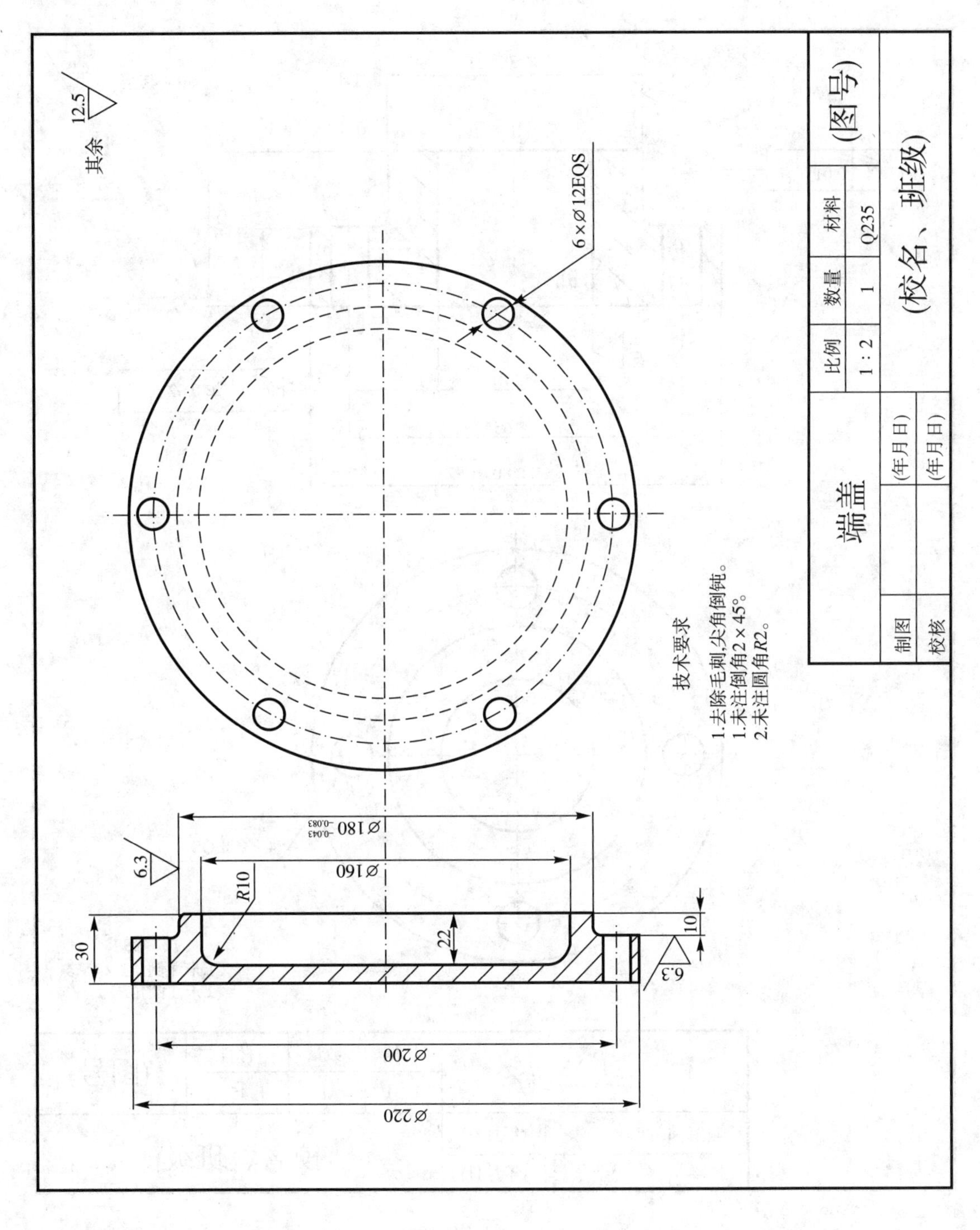

其余 12.5
6×Ø12EQS
Ø180 -0.043 -0.083
Ø160
R10
6.3
30
22
10
6.3
Ø200
Ø220
技术要求
1.去除毛刺,尖角倒钝。
1.未注倒角2×45°。
2.未注圆角R2。
端盖
比例
1∶2
数量
1
材料
Q235
(图号)
制图
(年月日)
校核
(年月日)
(校名、班级)

习题 6

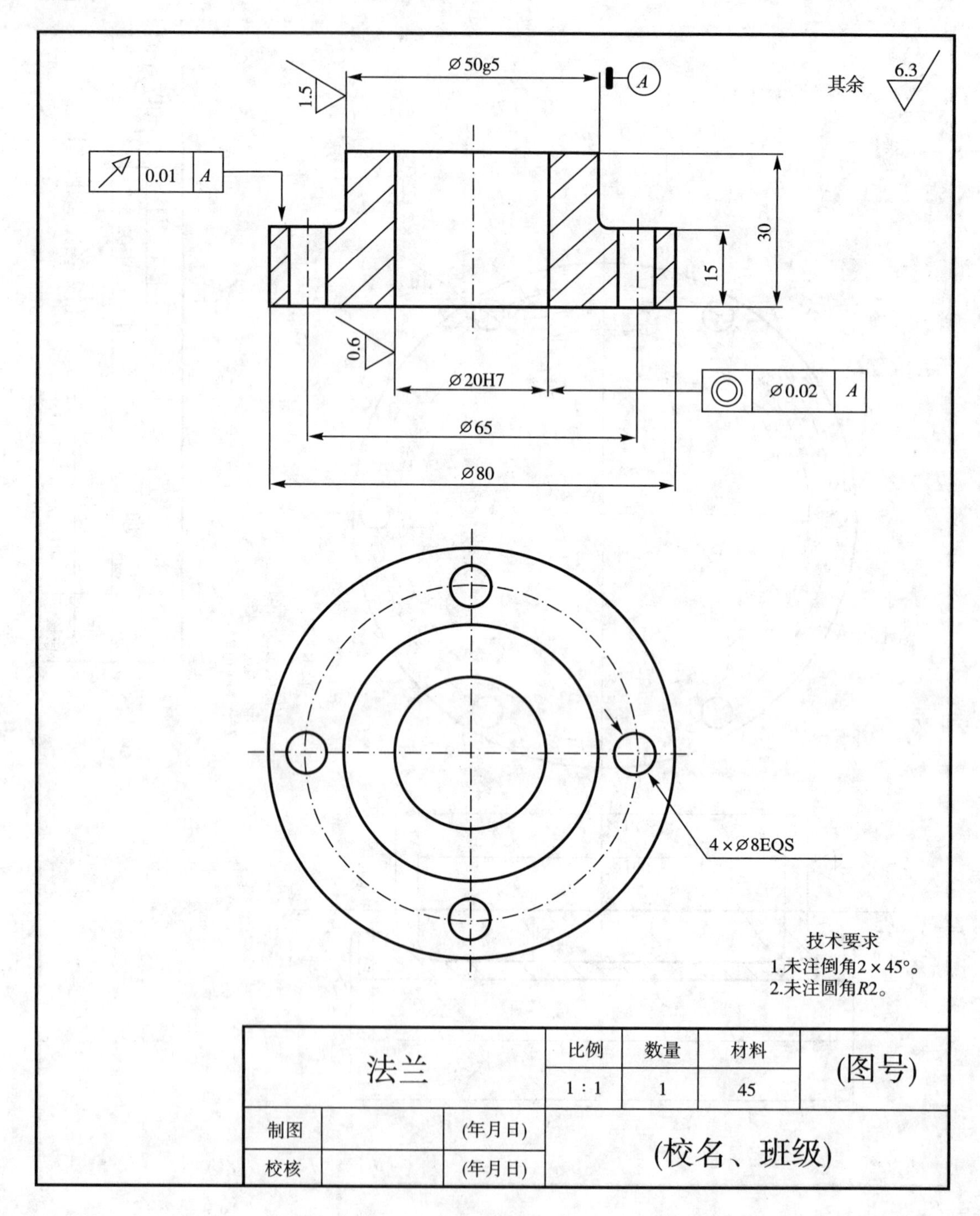

法兰	比例	数量	材料	(图号)
	1∶1	1	45	

制图		(年月日)	(校名、班级)
校核		(年月日)	

绘制视图和剖视图

一、实验目的

1. 继续练习常用绘图命令和常用编辑命令的使用方法；
2. 继续练习图层的建立，线型和线宽的设定；
3. 继续练习对象捕捉，对象追踪等工具的设定以及如何使用；
4. 掌握绘制视图的方法和步骤；
5. 进一步练习利用图案填充(BHATCH)命令绘制剖视图的方法；
6. 进一步练习尺寸标注。

二、实验内容

1. 绘制习题1、习题2中的视图，依据习题4、习题5给出的视图，绘制剖视图，选绘其余习题中的视图和剖视图；

2. 所有图形按1∶1绘制，标注尺寸(其中剖视图不标注尺寸)。

三、实验步骤

1. 设置绘图环境：在绘制视图之前，首先对图层、线型、颜色、线宽进行设置；根据所绘图形的大小，对图形界限、图形单位进行给定。

2. 设置尺寸标注样式。

3. 依次绘制习题1、习题2中的视图。

(1)调用图层命令，设置中心线层为当前层，绘制定位中心线；

(2)设置粗实线层为当前层，绘制视图轮廓线；

(3)设置虚线层为当前层，绘制视图不可见轮廓线；

(4)标注尺寸。

提示：在绘制视图时要遵守主俯视图长对正、主左视图高平齐、俯左视图宽相等，长对正、高平齐可以通过对象追踪很方便实现，而宽度相等一般采用绘制一条45°辅助线，然后通过对象捕捉和对象追踪来实现，只有这样才能保证精确绘图。

4. 依次绘制习题4、习题5中的剖视图。

(1)调用图层命令，设置中心线层为当前层，绘制定位中心线；

(2)设置粗实线层为当前层，绘制剖视图轮廓线；

(3)设置虚线层为当前层，绘制剖视图不可见轮廓线；

(4)设置剖面线层为当前层，使用图案填充命令绘制剖面线。

5. 视图、剖视图绘制完成后，分别赋名保存，退出AutoCAD。

第6章　习题

习题 1

1-1

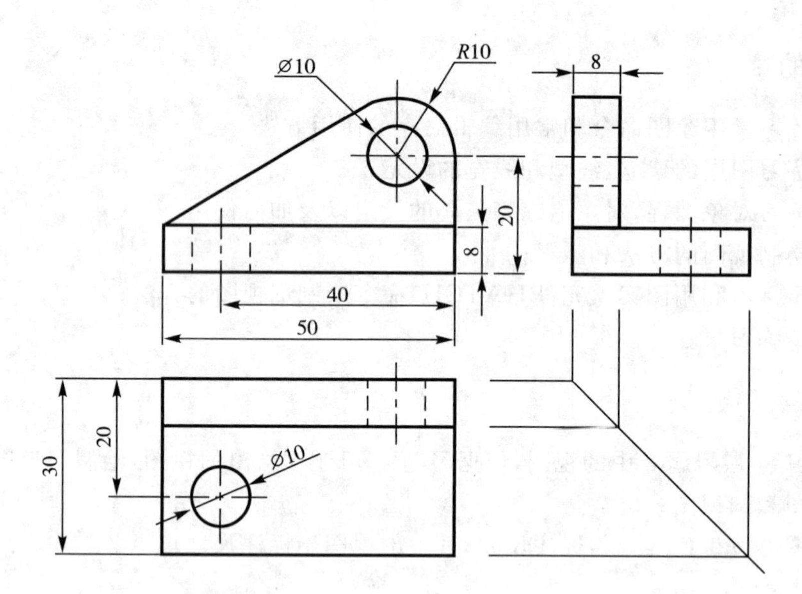

1-2

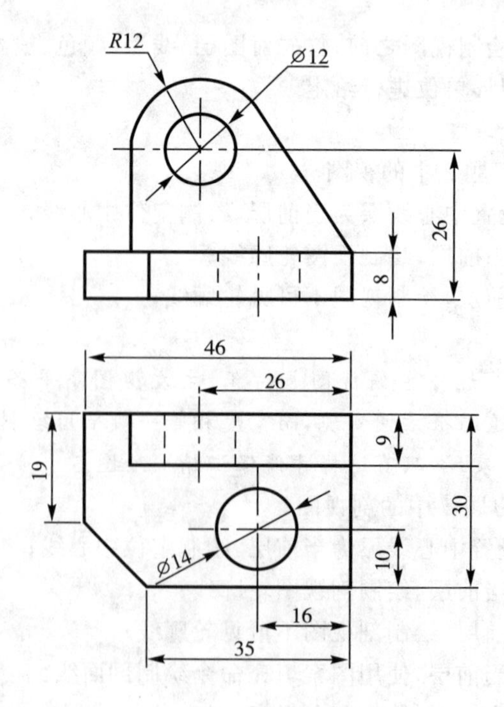

习题 2

2-1

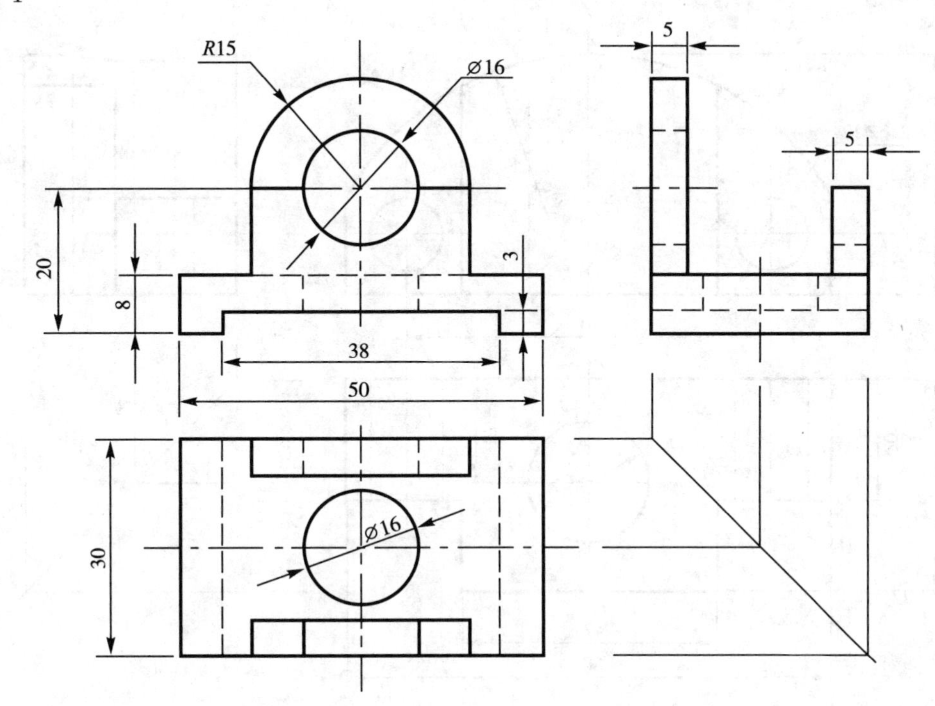

2-2

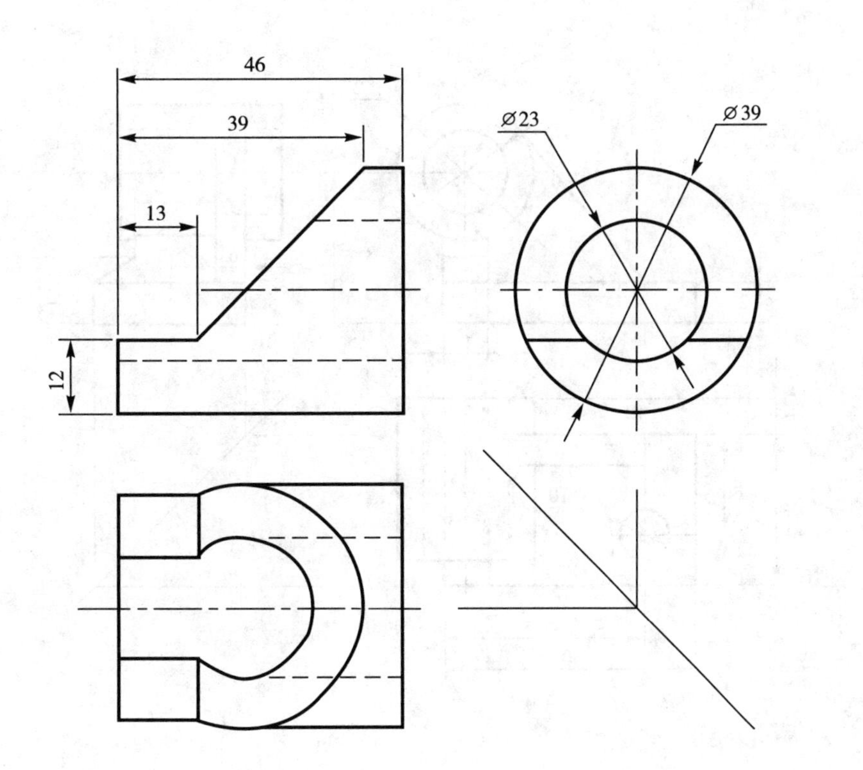

习题 3

3-1

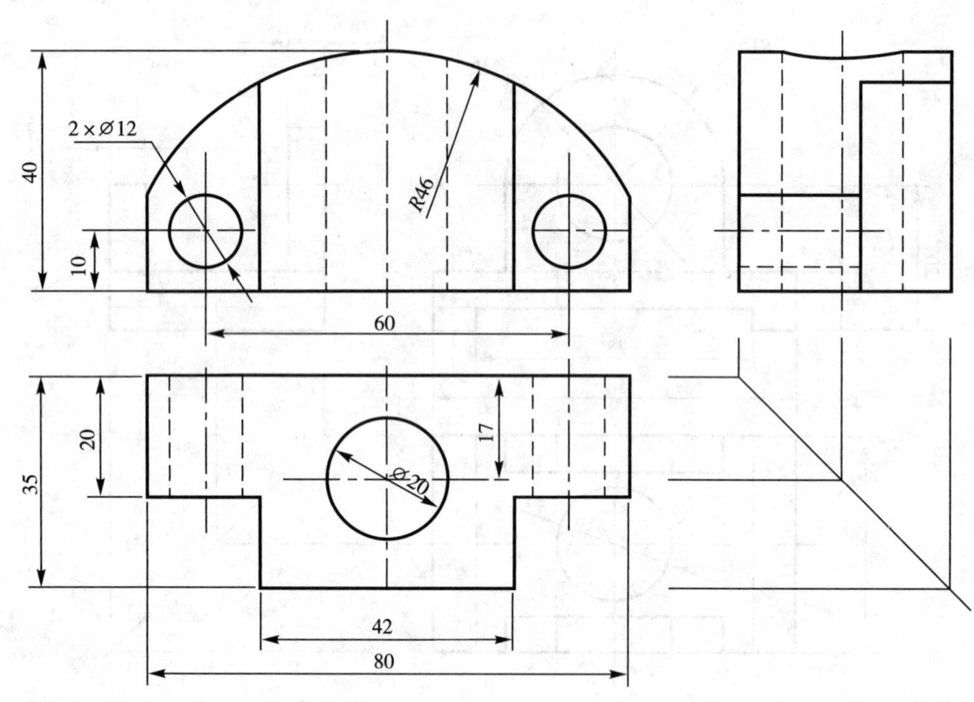
2×Ø12
40
10
R46
60
20
35
17
Ø20
42
80

3-2

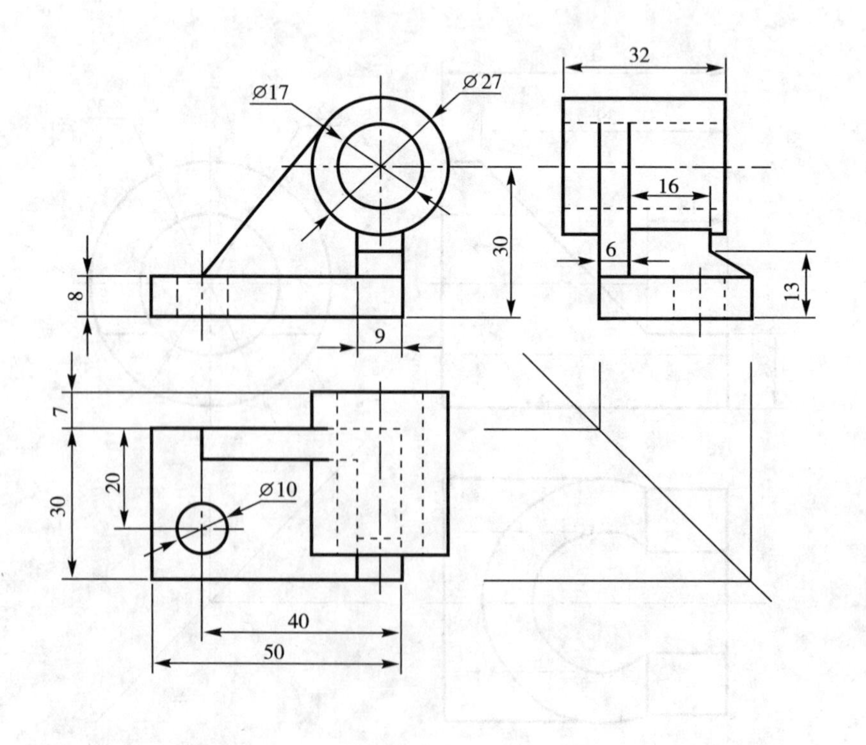
Ø17
Ø27
32
16
30
6
8
13
9
7
20
30
Ø10
40
50

习题 4

4-1

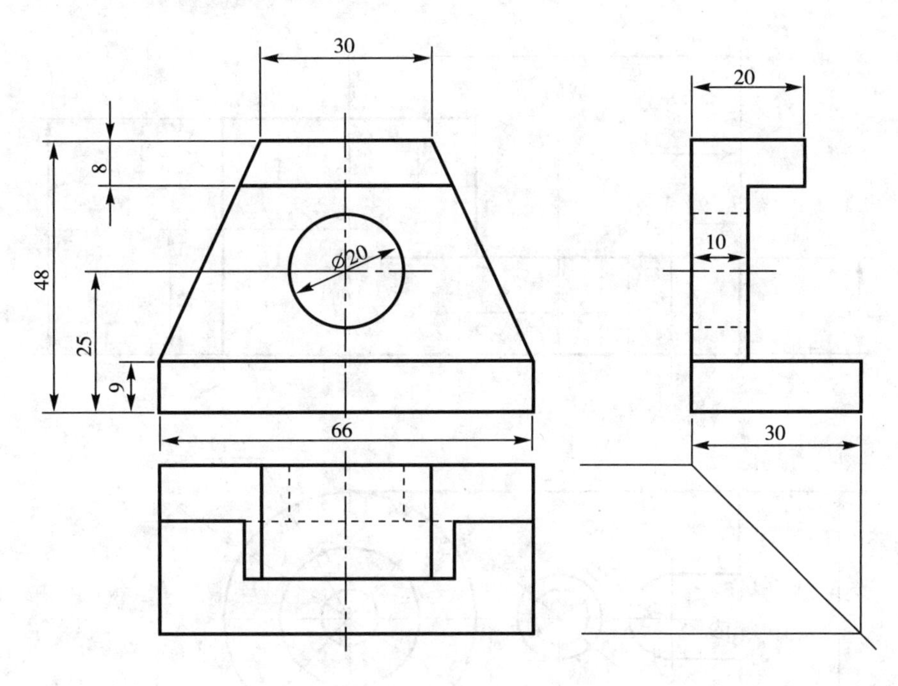

4-2

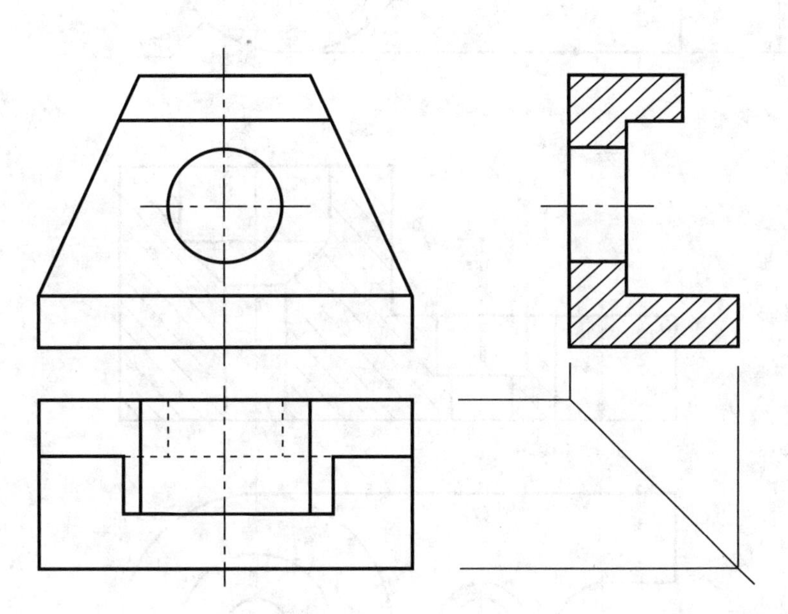

习题 5

5-1

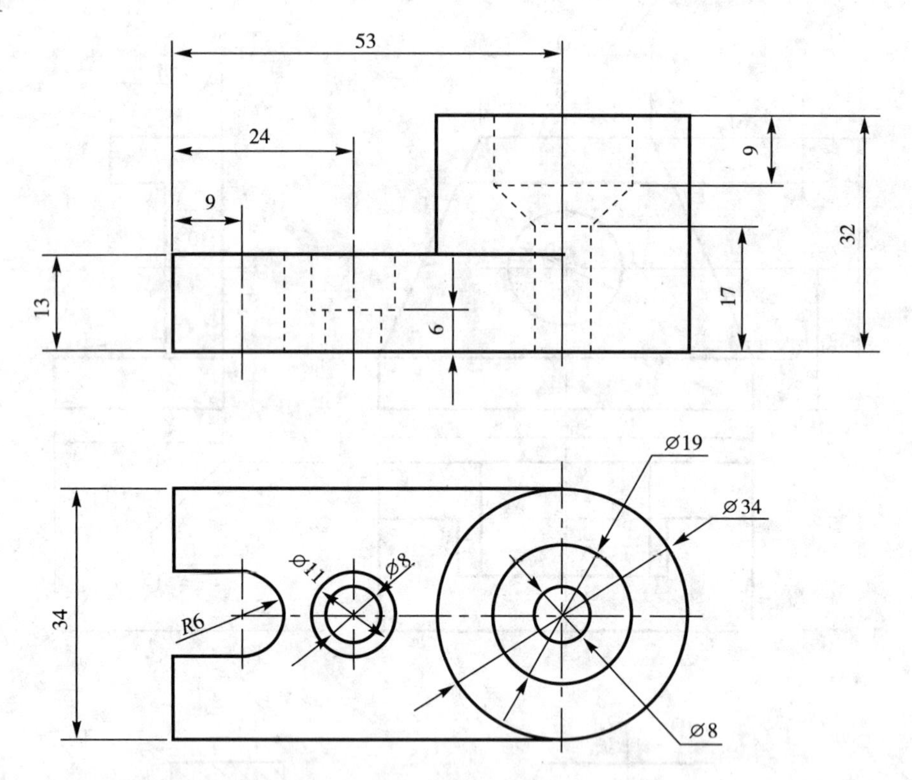

5-2

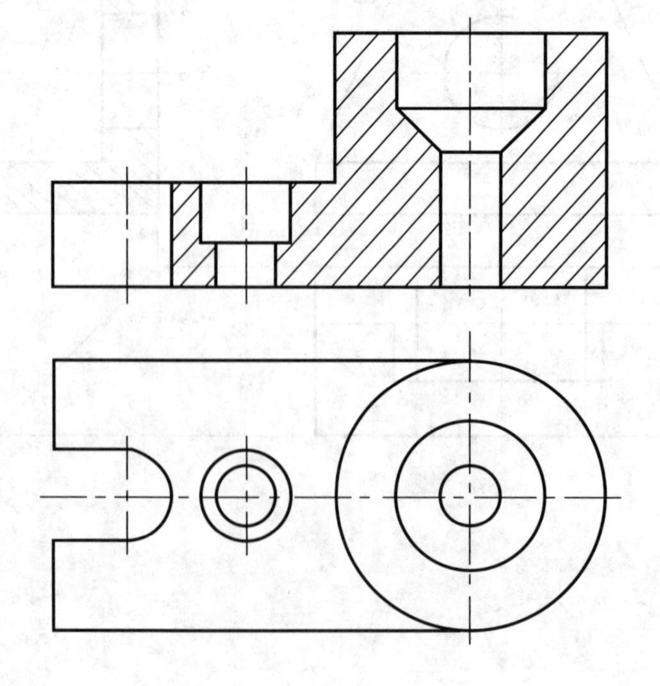

习题 6

6-1

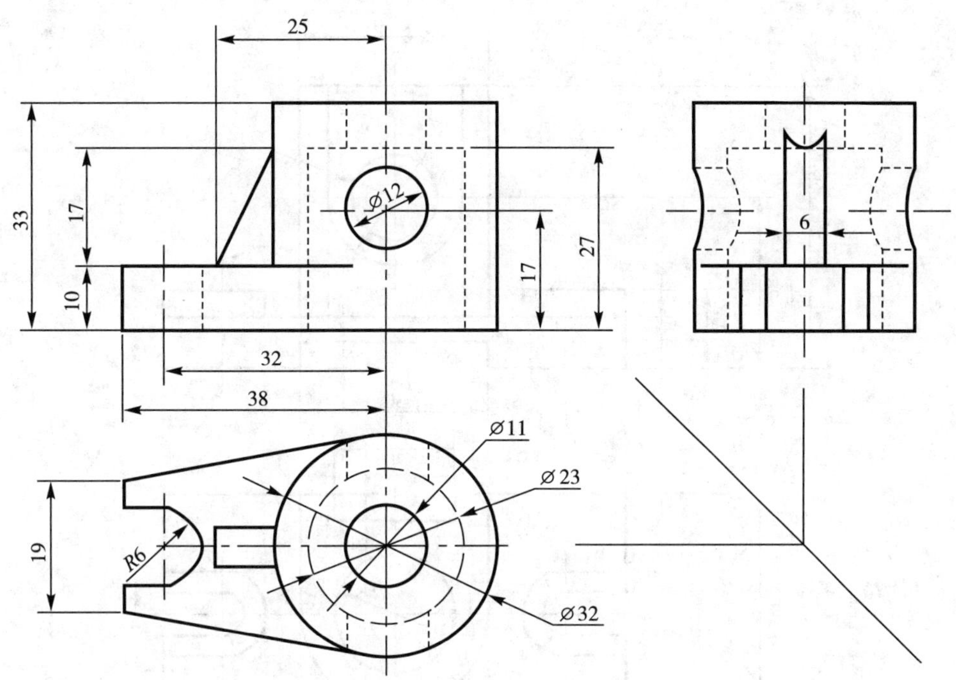

6-2

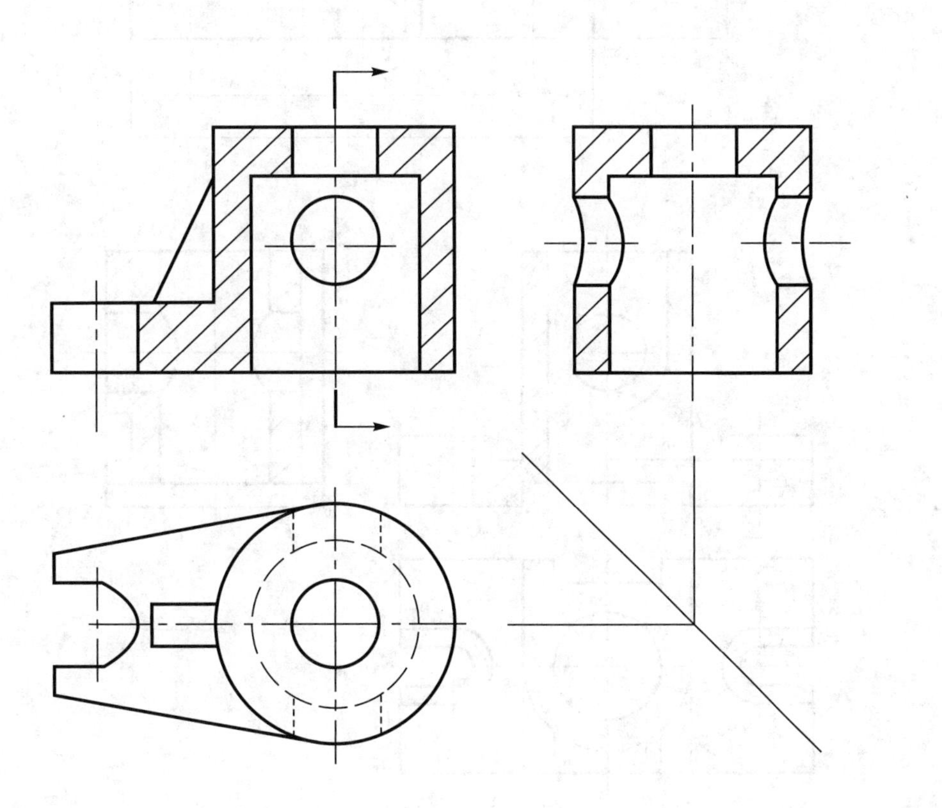

习题 7

7-1

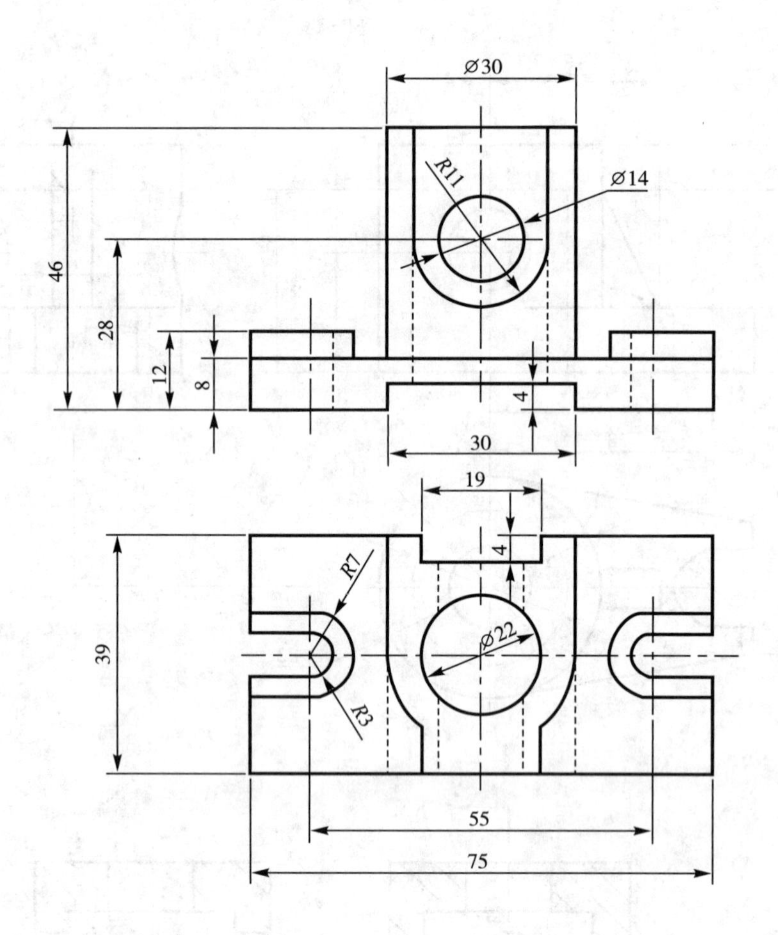

7-2

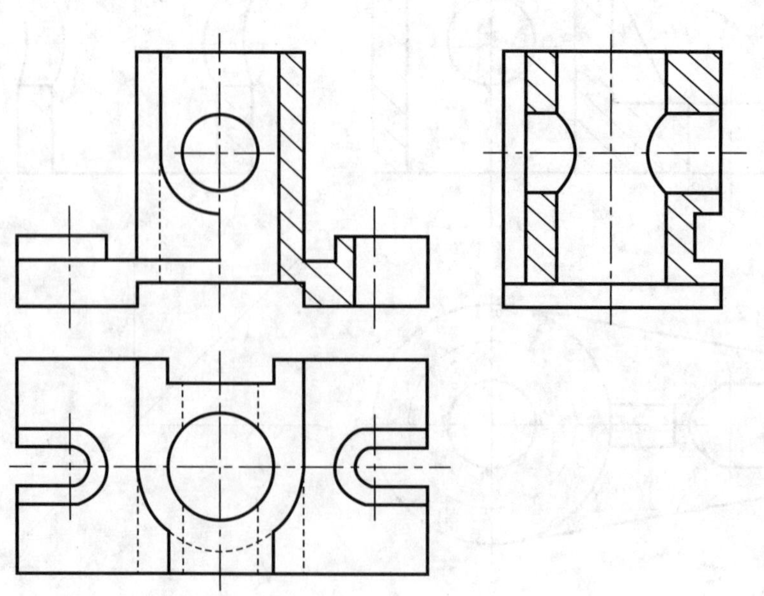

习题 8

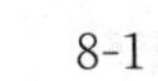

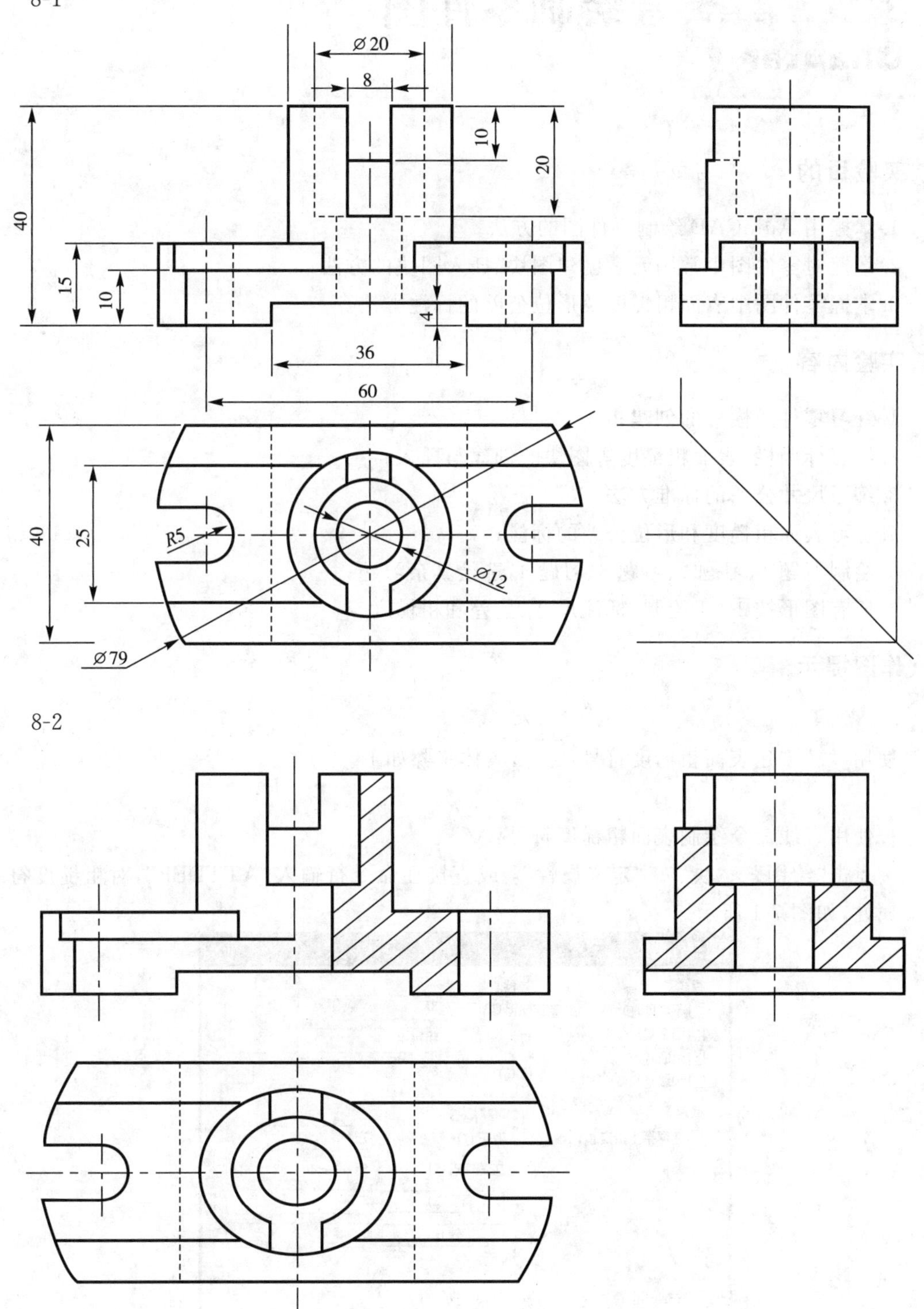

绘制零件图

一、实验目的

1. 掌握用AutoCAD绘制零件图的方法；
2. 掌握对零件图中常用元素创建图块、插入图块的方法；
3. 掌握零件图中表面粗糙度及形位公差的标注方法。

二、实验内容

1. 练习零件图模板的创建；
2. 练习标题栏、表面粗糙度等图块的创建与插入；
3. 练习尺寸公差的标准方法；
4. 练习表面粗糙度和形位公差的标注；
5. 绘制习题1、习题2、习题3、习题4，选绘其余习题；
6. 所有图形按1∶1绘制，标注尺寸、公差和粗糙度。

三、作图提示

使用“块”创建表面粗糙度符号：RA，具体步骤如下。

1. 使用直线命令绘制表面粗糙度符号：。

2. 点击“绘图”→“块”→“定义属性”，或直接在命令行输入“ATTDEF”，对粗糙度符号定义属性，如图7-1所示。

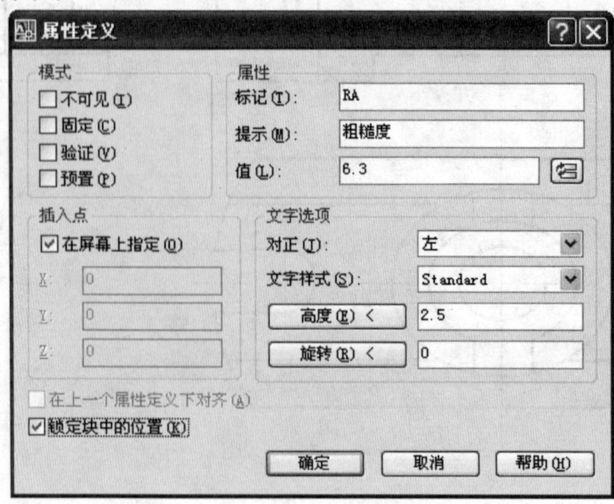

图7-1 定义属性

3. 点击“绘图”→“块” →“创建”，或直接在命令行输入“BLOCK”，在块定义对话框中输入名称，选择基点和对象，创建块，如图 7-2 所示。

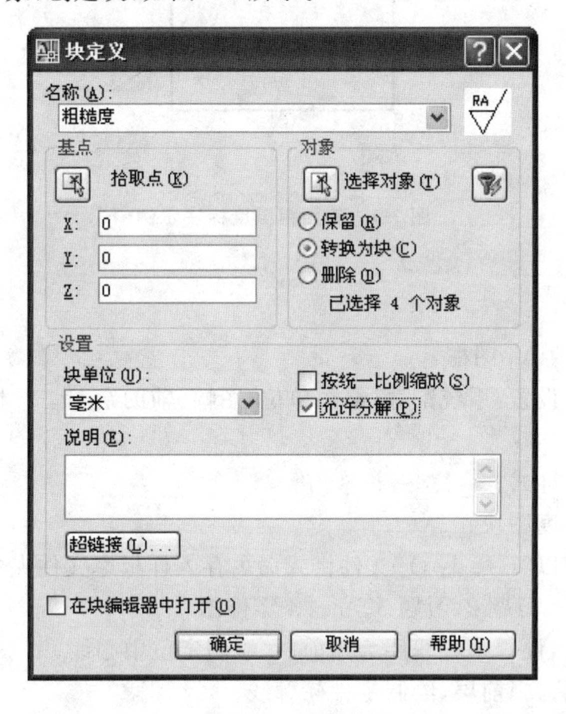

图 7-2　创建快

4. 点击绘图栏中插入块命令，或直接在命令行输入“INSERT”，即可插入块，如图 7-3 所示。图 7-4 为表面粗糙度标注示例。

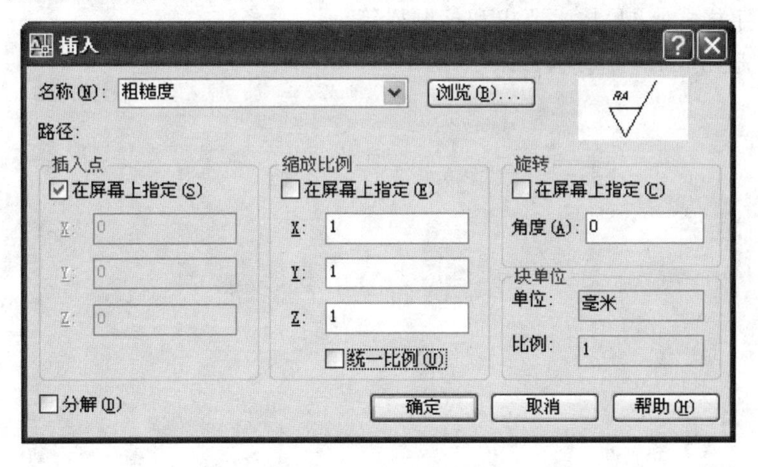

图 7-3　插入块

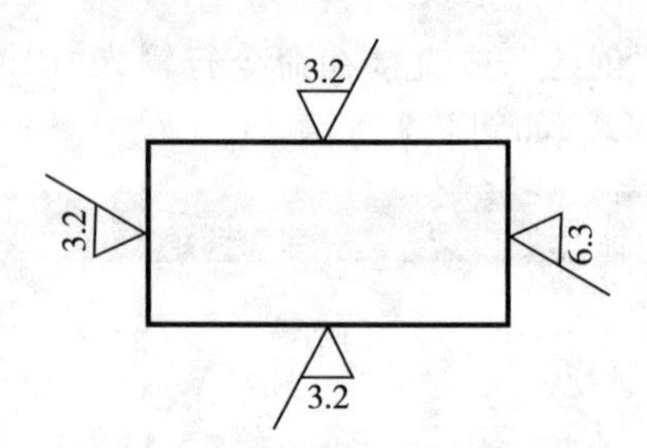

图 7-4　表面粗糙度标注示例

四、实验步骤

1. 打开预先保存的 A4 图框：

(1)绘图环境初步设置：系统配置、绘图单位、图幅、辅助绘图工具模式、图层、线型比例、文字样式等；

(2)设置尺寸标注样式；

(3)创建表面粗糙度图块；

(4)把所创建样图以“(*.dwt)”文件格式命名存入样板库文件夹中，备用。

2. 依次绘制习题 1、习题 2、习题 3、习题 4 零件图。

(1)调用图层命令，设置中心线层为当前层，绘制定位中心线；

(2)设置粗实线层为当前层，绘制零件轮廓线；

(3)设置剖面线层为当前层，绘制零件剖面线；

(4)标注表面粗糙度符号。

3. 建立尺寸标注的样式，设置尺寸线层为当前层，对视图标注尺寸、公差等。

4. 设置文字样式，注写技术要求和标题栏等。

5. 图形绘制完成后，分别赋名保存，退出 AutoCAD。

第 7 章 习题

习题 1

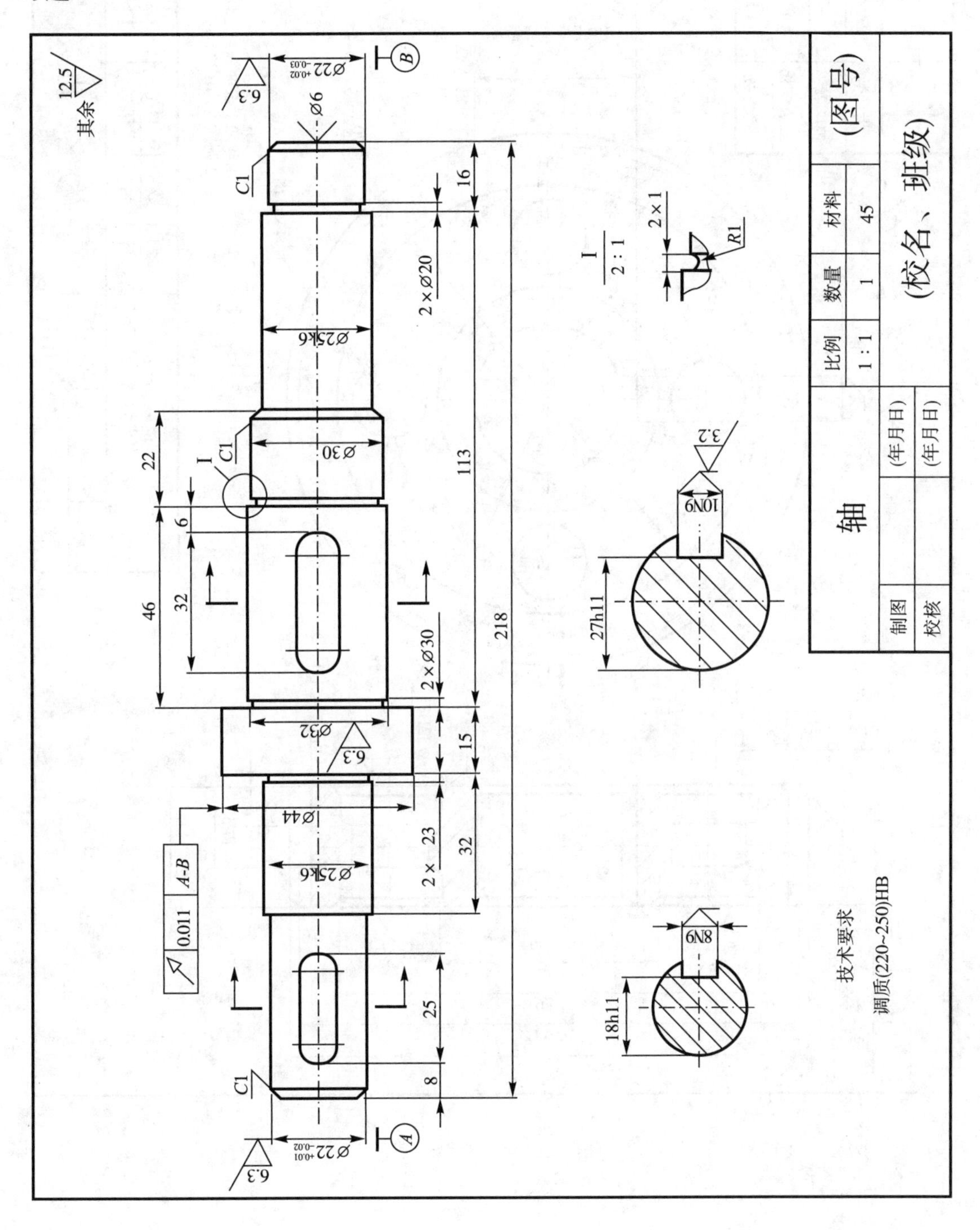
技术要求
调质(220~250)HB
轴
比例
1∶1
数量
1
材料
45
制图
(年月日)
校核
(年月日)
(图号)
(校名、班级)
其余 12.5
I
2∶1
2×1
R1
10N9
3.2
27h11
6N8
18h11
A-B
0.011
218
113
46
32
22
6
16
15
25
8
2×Ø20
2×Ø30
2×23
Ø6
Ø25k6
Ø30
Ø32
Ø44
C1
6.3

习题 2

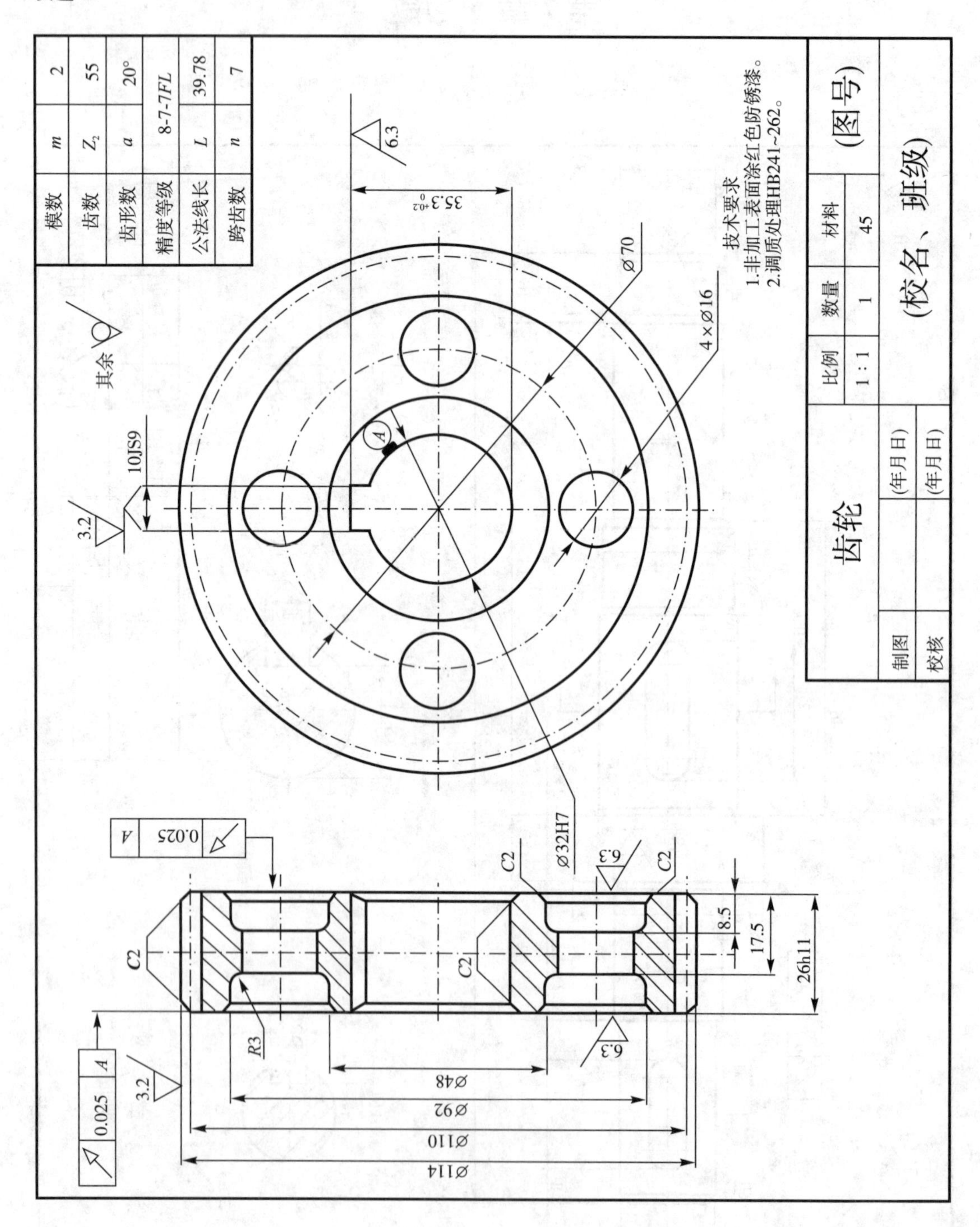
模数 m 2
齿数 Z2 55
齿形数 a 20°
精度等级 8-7-7FL
公法线长 L 39.78
跨齿数 n 7
其余
10JS9
3.2
35.3+0.2 0
6.3
Ø70
4×Ø16
Ø32H7
A
0.025 A
C2
R3
8.5
17.5
26h11
Ø48
Ø92
Ø110
Ø114
技术要求
1.非加工表面涂红色防锈漆。
2.调质处理HB241~262。
齿轮
比例 1:1
数量 1
材料 45
(图号)
制图 (年月日)
校核 (年月日)
(校名、班级)

习题 3

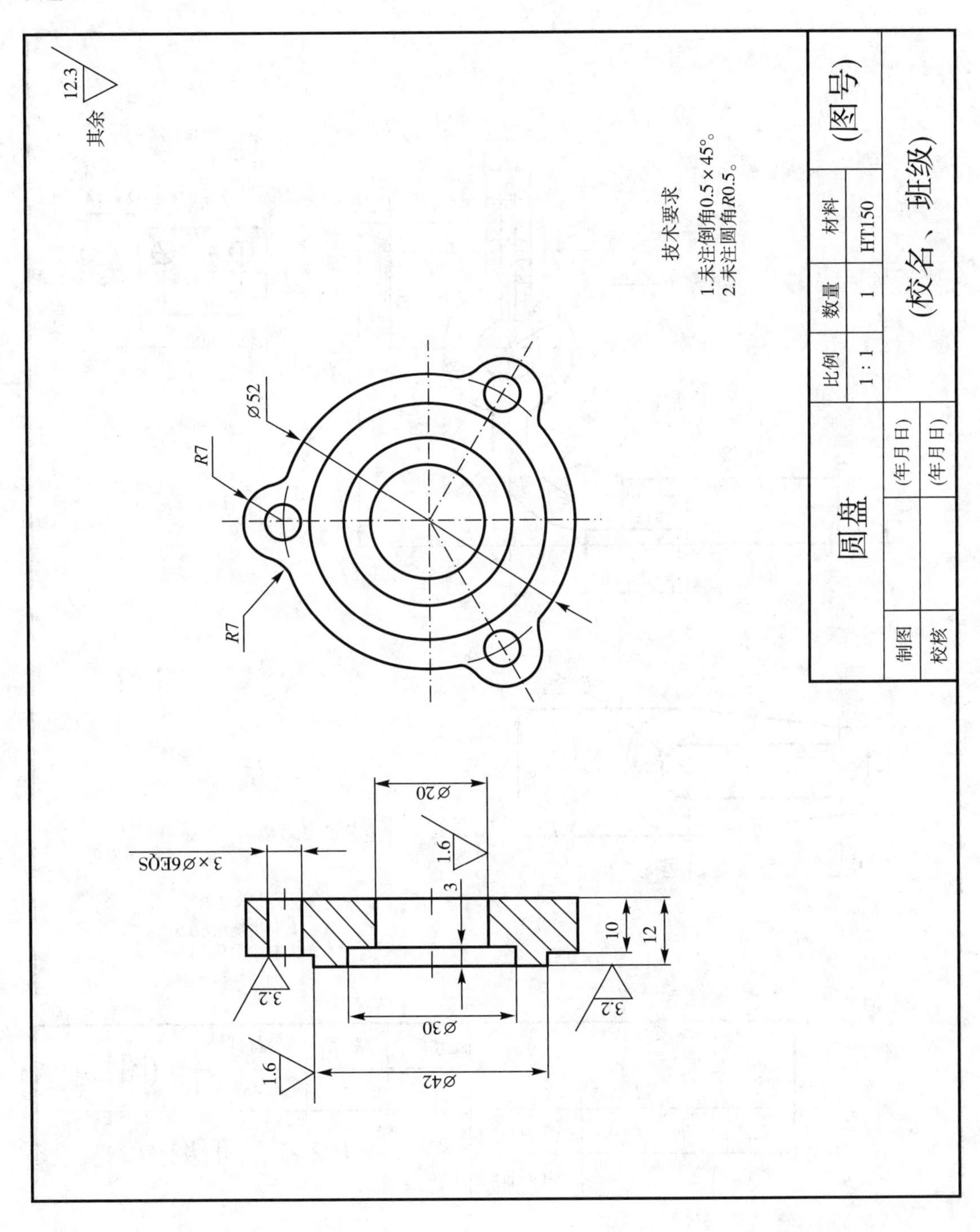

其余 12.3
技术要求
1.未注倒角0.5×45°。
2.未注圆角R0.5。
圆盘
比例
1:1
数量
1
材料
HT150
(图号)
制图
(年月日)
校核
(年月日)
(校名、班级)
Ø52
R7
R7
Ø20
3×Ø6EQS
1.6
3
10
12
3.2
3.2
Ø30
1.6
Ø42

习题 4

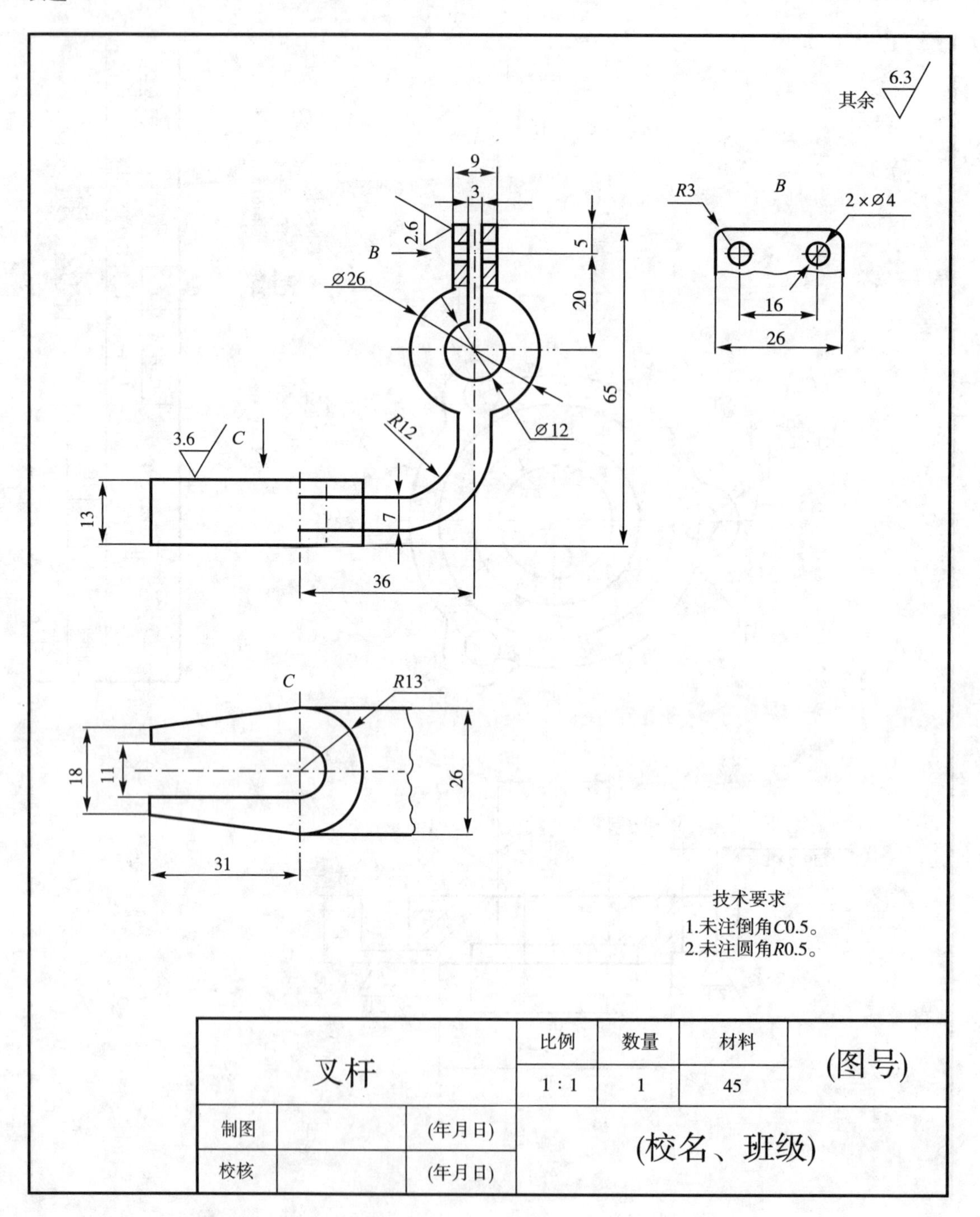
其余 6.3
9
3
2.6
B
5
20
65
Ø26
Ø12
R12
3.6
C
13
7
36
R3
B
2×Ø4
16
26
C
R13
18
11
26
31
技术要求
1.未注倒角C0.5。
2.未注圆角R0.5。
叉杆
比例
数量
材料
1 : 1
1
45
(图号)
制图
(年月日)
校核
(年月日)
(校名、班级)

习题 5

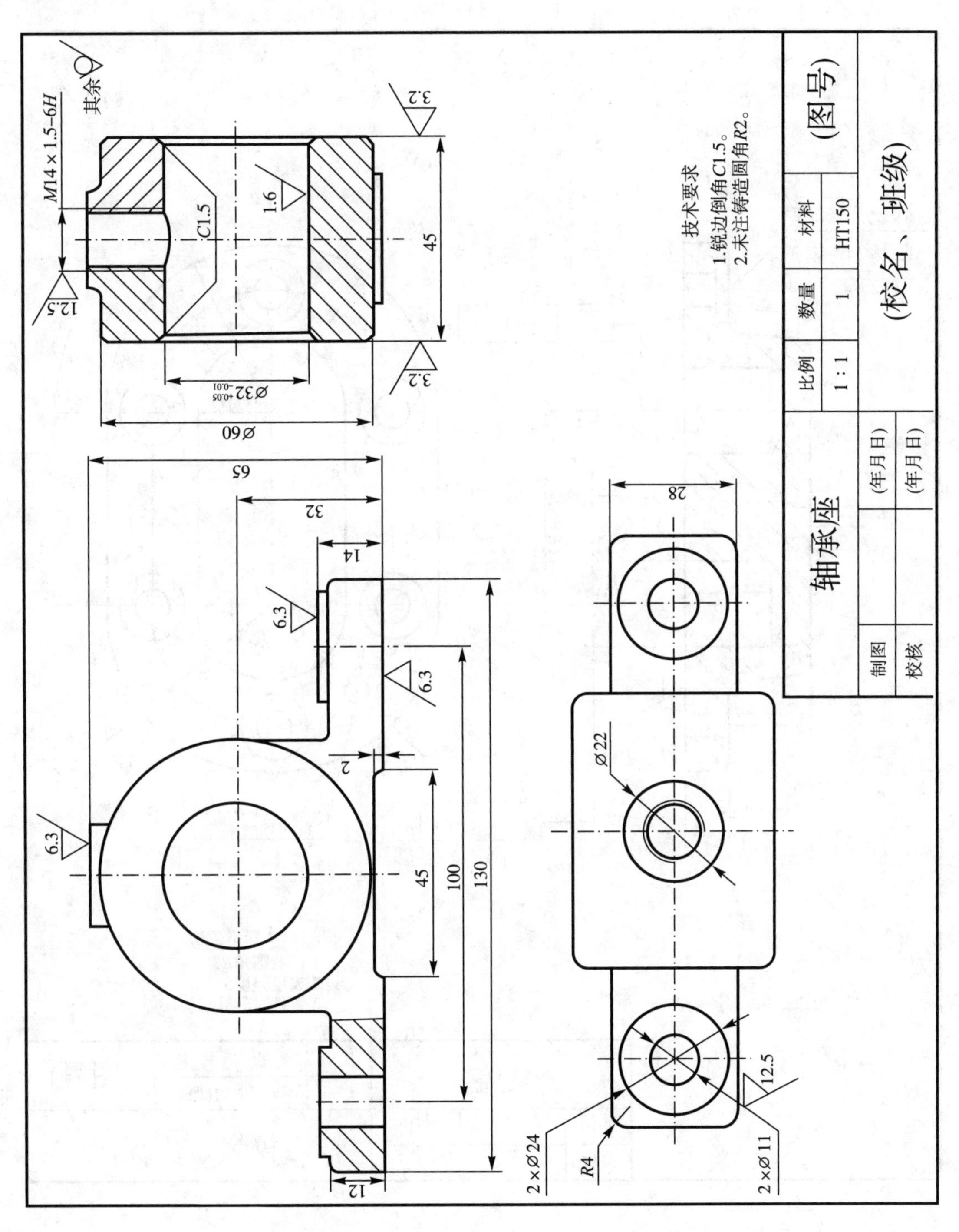
其余
M14×1.5–6H
3.2
1.6
C1.5
12.5
45
Ø32+0.05 -0.01
Ø60
65
32
14
6.3
2
100
130
12
28
Ø22
12.5
2×Ø24
R4
2×Ø11
技术要求
1.锐边倒角C1.5。
2.未注铸造圆角R2。
轴承座
比例
1∶1
数量
1
材料
HT150
(图号)
制图
(年月日)
校核
(年月日)
(校名、班级)

习题 6

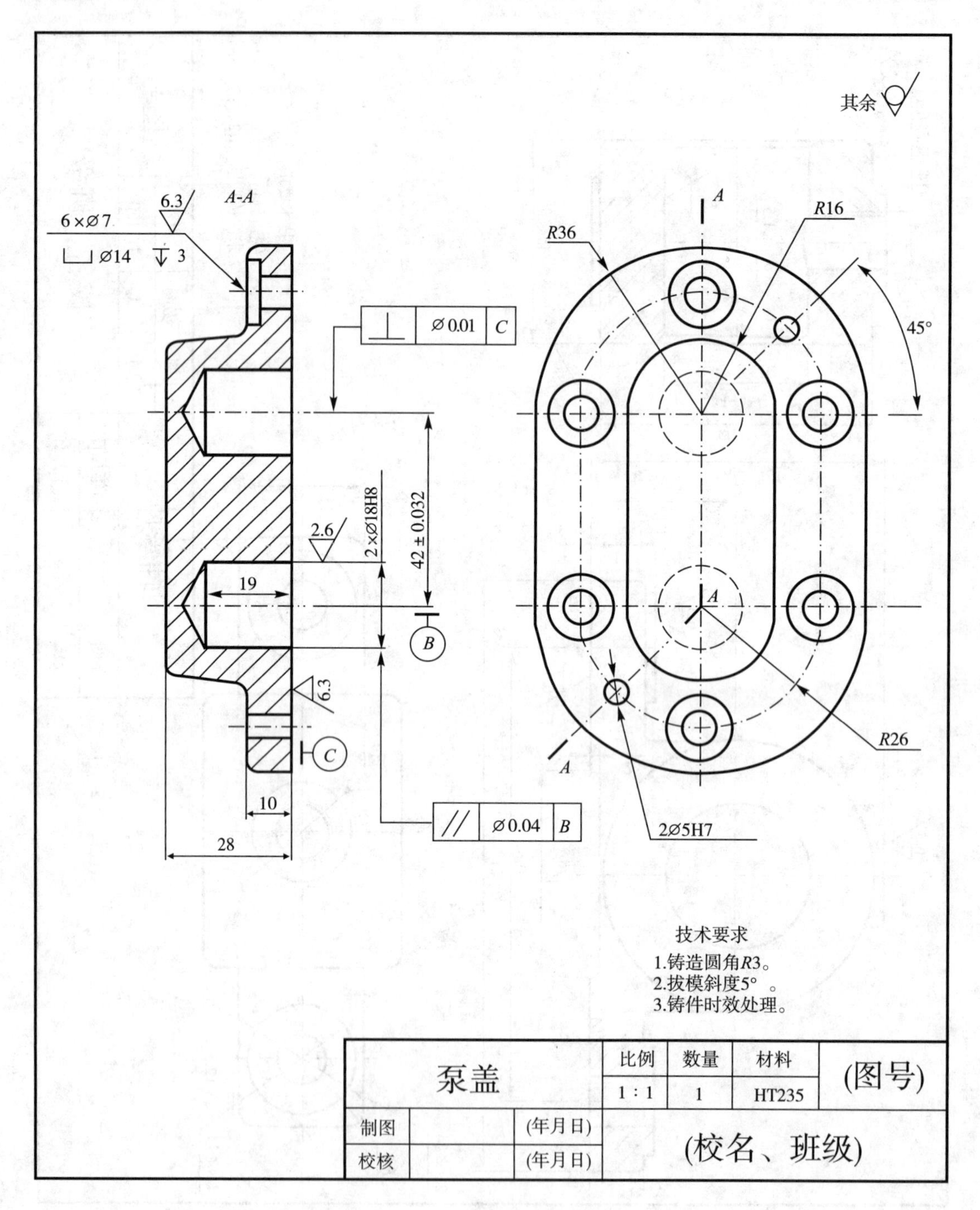

泵盖			比例	数量	材料	(图号)
			1 : 1	1	HT235	
制图		(年月日)	(校名、班级)			
校核		(年月日)				

习题 7

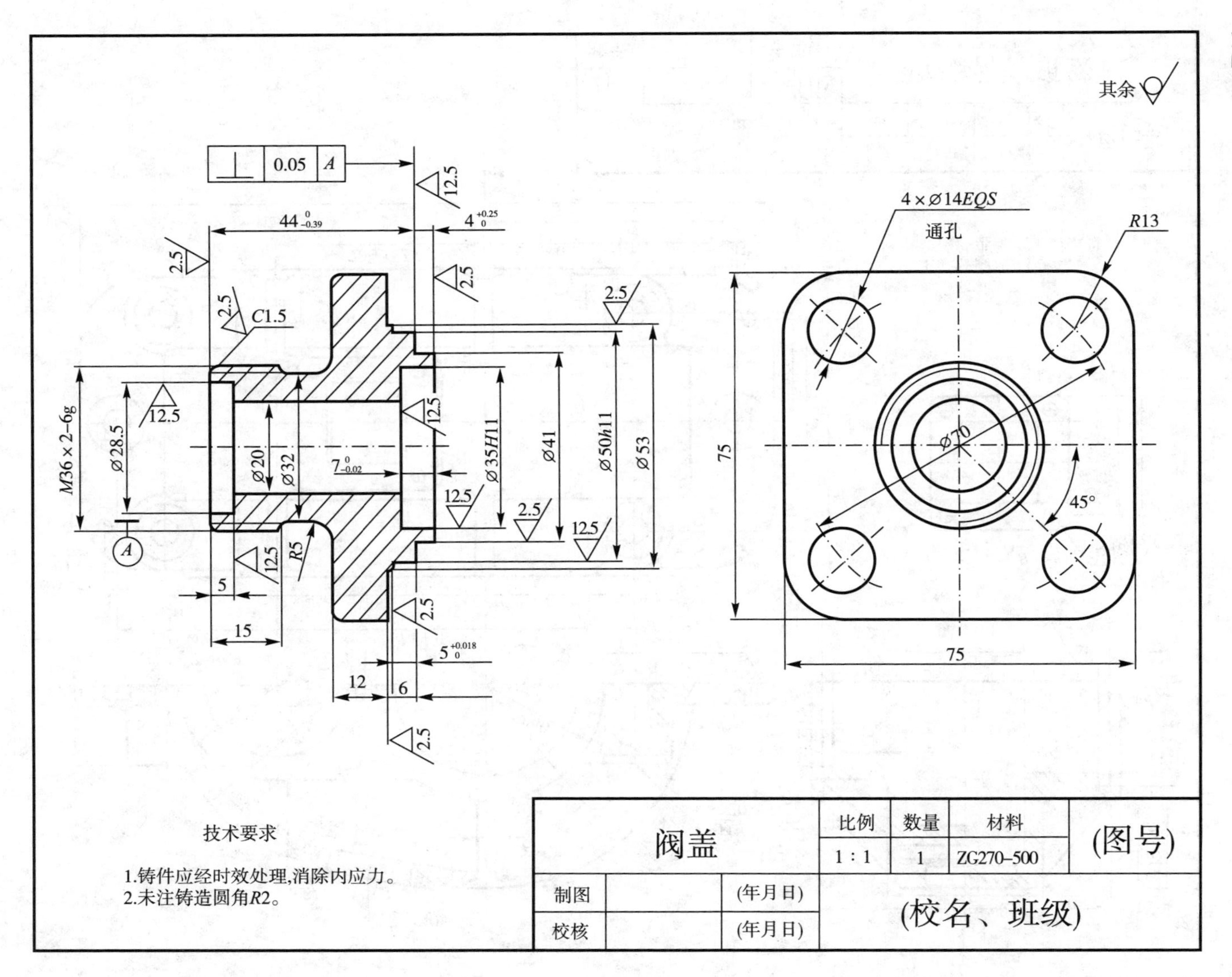

其余
0.05
A
44
4
2.5
12.5
C1.5
M36×2-6g
Ø28.5
Ø20
Ø32
Ø35H11
Ø41
Ø50h11
Ø53
R5
5
15
12
6
4×Ø14EQS
通孔
R13
Ø70
45°
75
75
技术要求
1.铸件应经时效处理,消除内应力。
2.未注铸造圆角R2。
阀盖
比例
数量
材料
1:1
1
ZG270-500
(图号)
制图
(年月日)
校核
(年月日)
(校名、班级)

习题 8

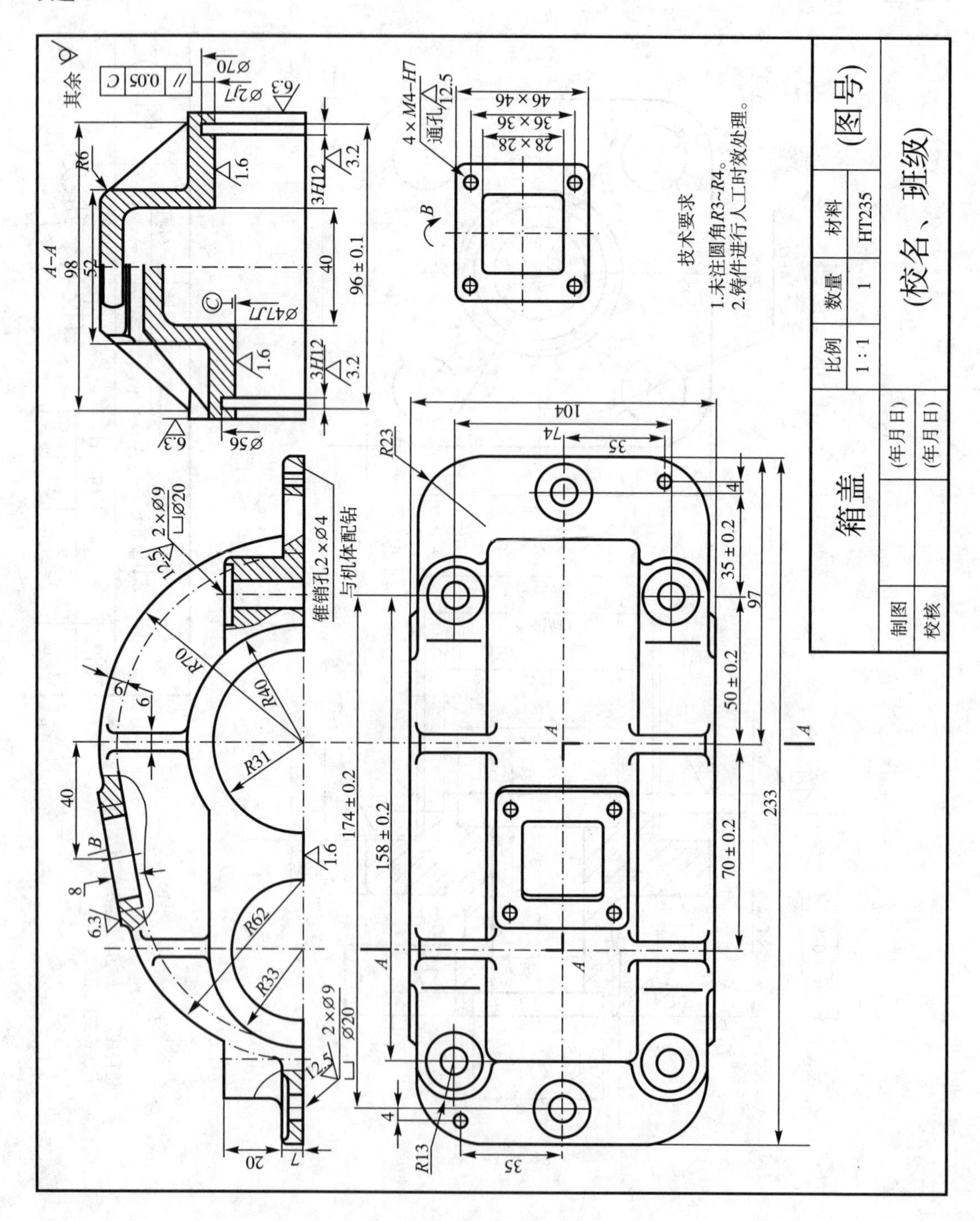
A–A
其余
锥销孔2×Ø4
与机体配钻
4×M4–H7
通孔
技术要求
1.未注圆角R3~R4。
2.铸件进行人工时效处理。
箱盖
比例
1:1
数量
1
材料
HT235
(图号)
制图
(年月日)
校核
(年月日)
(校名、班级)

绘制千斤顶的装配图

一、实验目的

1. 掌握装配图的绘制方法；

2. 熟练掌握 AutoCAD 绘图的方法和技巧；

3. 练习图形文件之间的调用和插入的方法。

二、实验内容

通过已给出的零件图，绘制千斤顶装配图。

三、实验步骤

1. 读懂千斤顶装配图，绘制 Y 型 A3 图框(297×420)。

(1)绘图环境初步设置：系统配置、绘图单位、图幅、辅助绘图工具模式、图层、线型比例、文字样式等；

(2)设置尺寸标注样式；

(3)创建表面粗糙度图块；

(4)把所创建样图以“(＊.dwt)”文件格式命名存入样板库文件夹中，备用。

2. 依次绘制底座、螺套、绞杆和螺旋杆零件图。

(1)调用图层命令，设置中心线层为当前层，绘制定位中心线；

(2)设置粗实线层为当前层，绘制零件轮廓线；

(3)设置剖面线层为当前层，绘制零件剖面线。

3. 以底座为主体零件，依次将螺套、绞杆和螺旋杆复制、粘贴到底座中，注意基点的选择。

4. 判别可见性，对已装配的零件图进行修改。

5. 标注必要的尺寸。

6. 设置文字样式，编写零件序号，注写技术要求和标题栏等。

7. 千斤顶装配图绘制完成后，赋名保存，退出 AutoCAD。

第 8 章 习题

习题 1

1. 千斤顶装配图

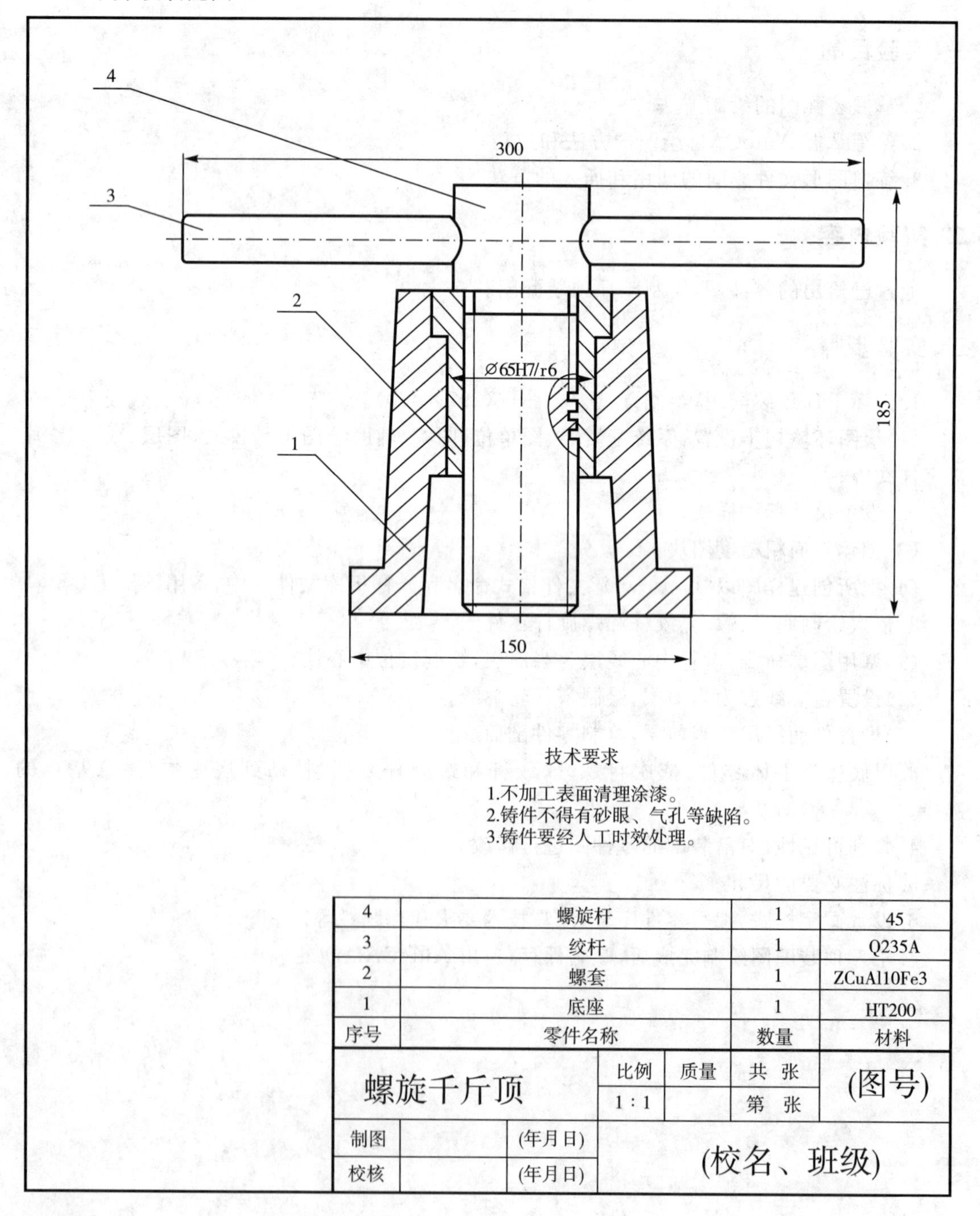

4	螺旋杆	1	45
3	绞杆	1	Q235A
2	螺套	1	ZCuAl10Fe3
1	底座	1	HT200
序号	零件名称	数量	材料

螺旋千斤顶	比例	质量	共 张	(图号)
	1∶1		第 张	
制图		(年月日)	(校名、班级)	
校核		(年月日)		

习题 2

2. 底座零件图

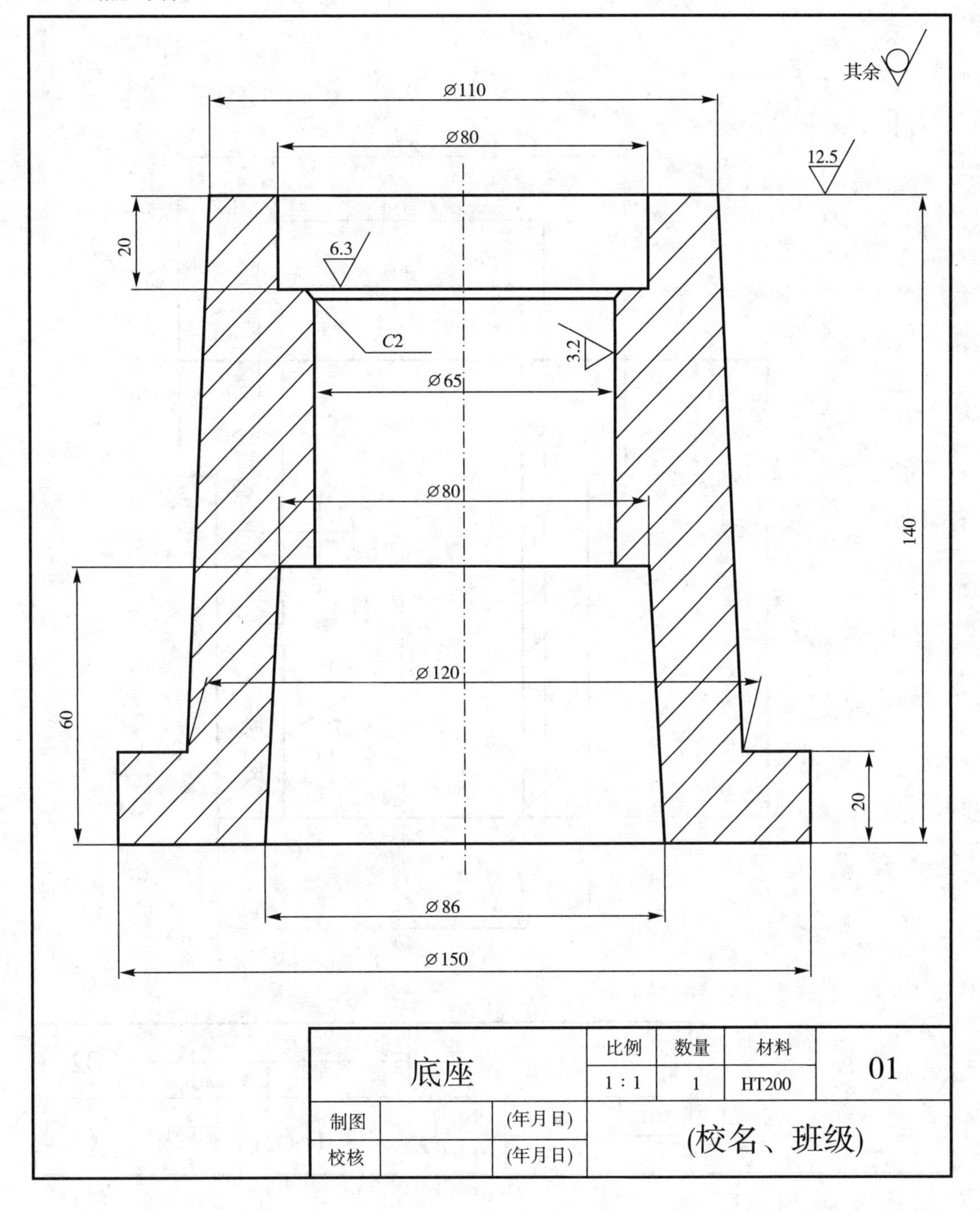
其余
Ø110
Ø80
12.5
20
6.3
C2
3.2
Ø65
Ø80
140
60
Ø120
20
Ø86
Ø150
底座
比例
数量
材料
1∶1
1
HT200
01
制图
(年月日)
校核
(年月日)
(校名、班级)

习题 3

3. 螺套零件图

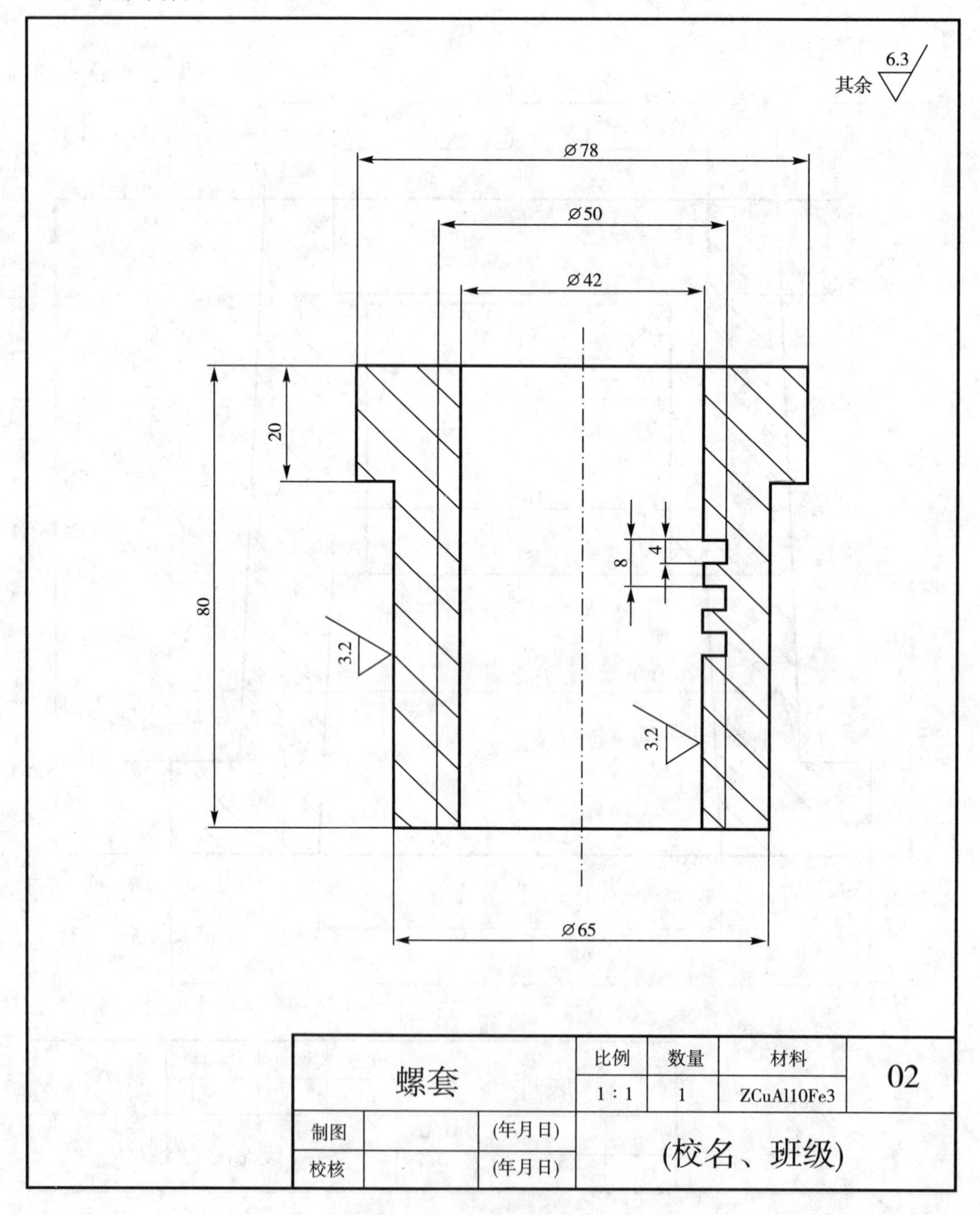

其余 6.3
⌀78
⌀50
⌀42
20
80
4
8
3.2
3.2
⌀65
螺套
比例
数量
材料
1 : 1
1
ZCuAl10Fe3
02
制图
(年月日)
校核
(年月日)
(校名、班级)

习题 4

4. 绞杆零件图

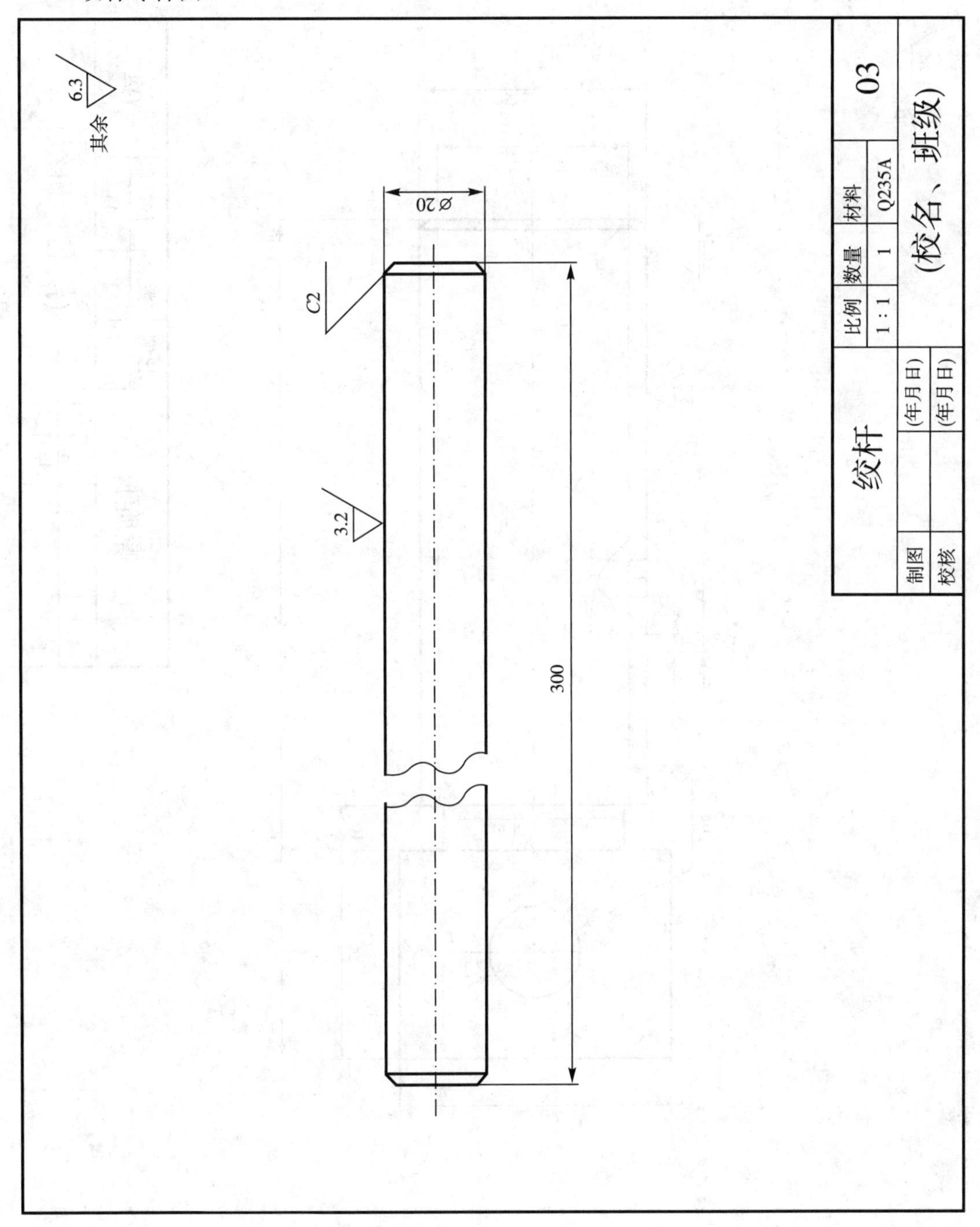

习题 5

5. 螺旋杆零件图

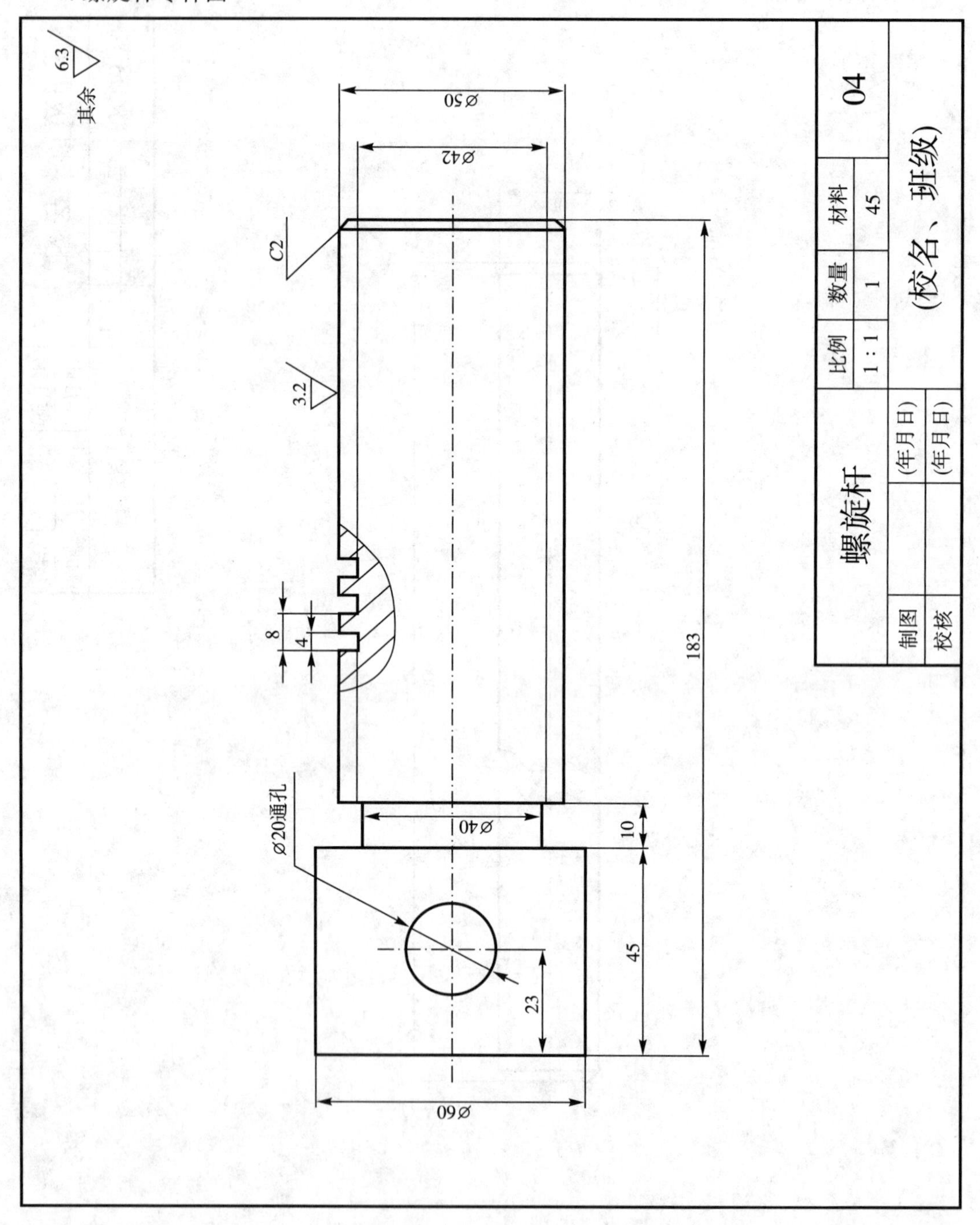
6.3
其余
Ø50
Ø42
C2
3.2
8
4
183
Ø20通孔
Ø40
10
45
23
Ø60
螺旋杆
比例
1:1
数量
1
材料
45
04
制图
(年月日)
校核
(年月日)
(校名、班级)

绘制齿轮油泵的装配图

一、实验目的

1.掌握装配图的绘制方法；

2.熟练掌握 AutoCAD 绘图的方法和技巧；

3.继续练习图形文件之间的调用和插入的方法。

二、实验内容

通过已给出的零件图，绘制齿轮油泵装配图。

三、实验步骤

1.读懂齿轮油泵装配图，绘制 X 型 A2 图框(594×420)。

(1)绘图环境初步设置：系统配置、绘图单位、图幅、辅助绘图工具模式、图层、线型比例、文字样式等；

(2)设置尺寸标注样式；

(3)创建表面粗糙度图块；

(4)把所创建样图以“(*.dwt)”文件格式命名存入样板库文件夹中，备用。

2.依次绘制泵体、从动齿轮轴、填料压盖、锁紧螺母等零件图。

(1)调用图层命令，设置中心线层为当前层，绘制定位中心线；

(2)设置粗实线层为当前层，绘制零件轮廓线；

(3)设置剖面线层为当前层，绘制零件剖面线。

3.以泵体为主体零件，依次将从动齿轮轴、填料压盖、锁紧螺母等复制、粘贴到泵体中，注意基点的选择。

4.判别可见性，对已装配的零件图进行修改。

5.标注必要的尺寸。

6.设置文字样式，编写零件序号，注写技术要求和标题栏等。

7.齿轮油泵装配图绘制完成后，赋名保存，退出 AutoCAD。

提示：依据《机械制图·图样简化画法》国家标准(GB/T16675.1)中规定，装配图中可省略螺栓、螺母、销等紧固件的投影，可以使用点画线和指引线指明它们的位置，零件的倒角、圆角、凹坑、凸台、沟槽、滚花、刻线以及其他细节可以省略不绘制。

第9章 习题

习题1

1. 齿轮油泵装配图

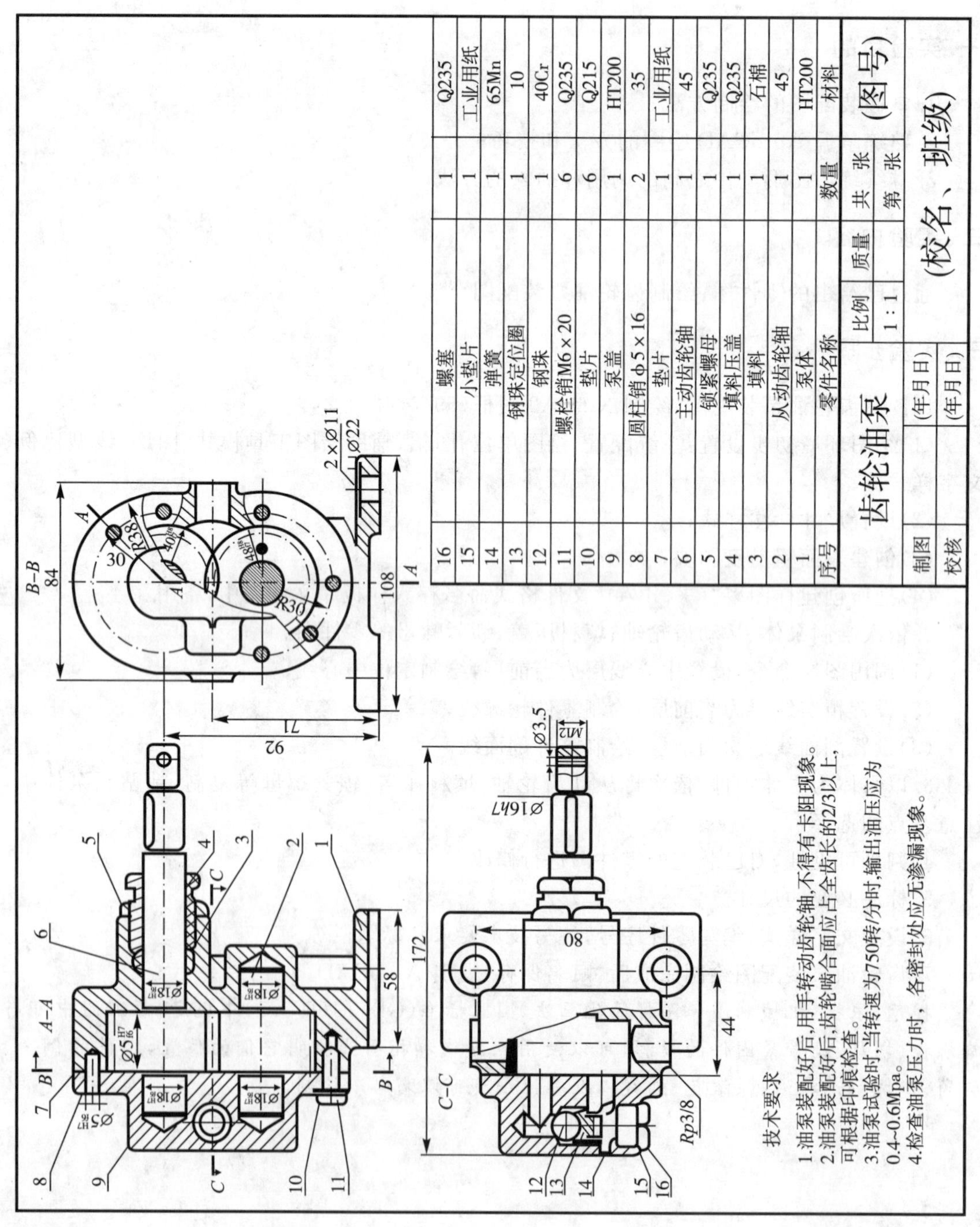

序号	零件名称	数量	材料
16	螺塞	1	Q235
15	小垫片	1	工业用纸
14	弹簧	1	65Mn
13	钢珠定位圈	1	10
12	钢珠	1	40Cr
11	螺栓销M6×20	6	Q235
10	垫片	6	Q215
9	泵盖	1	HT200
8	圆柱销φ5×16	2	35
7	垫片	1	工业用纸
6	主动齿轮轴	1	45
5	锁紧螺母	1	Q235
4	填料压盖	1	Q235
3	填料	1	石棉
2	从动齿轮轴	1	45
1	泵体	1	HT200

习题 2

2. 泵体零件图

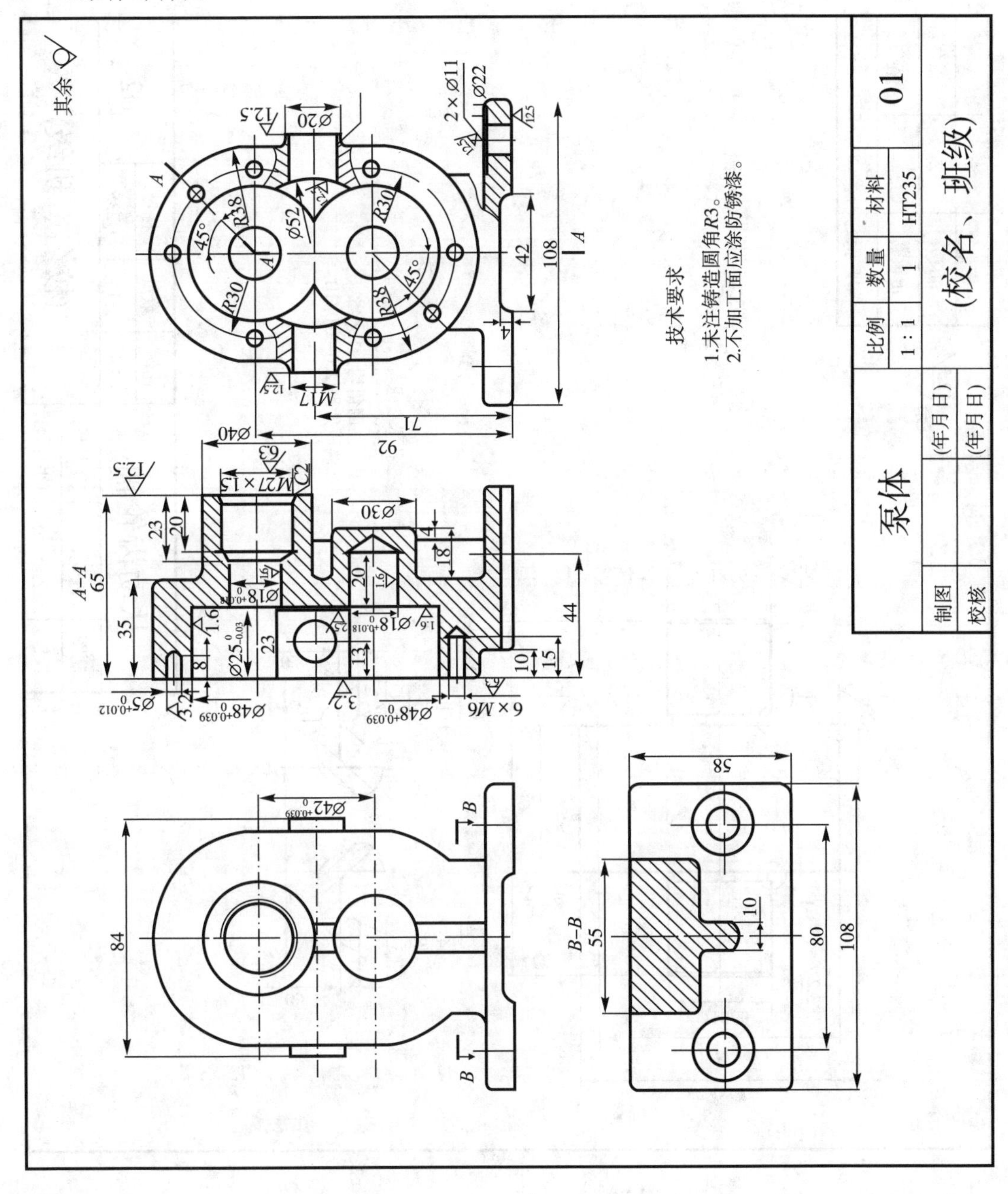
其余
A–A
B–B
技术要求
1.未注铸造圆角R3。
2.不加工面应涂防锈漆。
泵体
比例 1:1
数量 1
材料 HT235
01
制图 (年月日)
校核 (年月日)
(校名、班级)

习题 3

3. 从动齿轮轴零件图

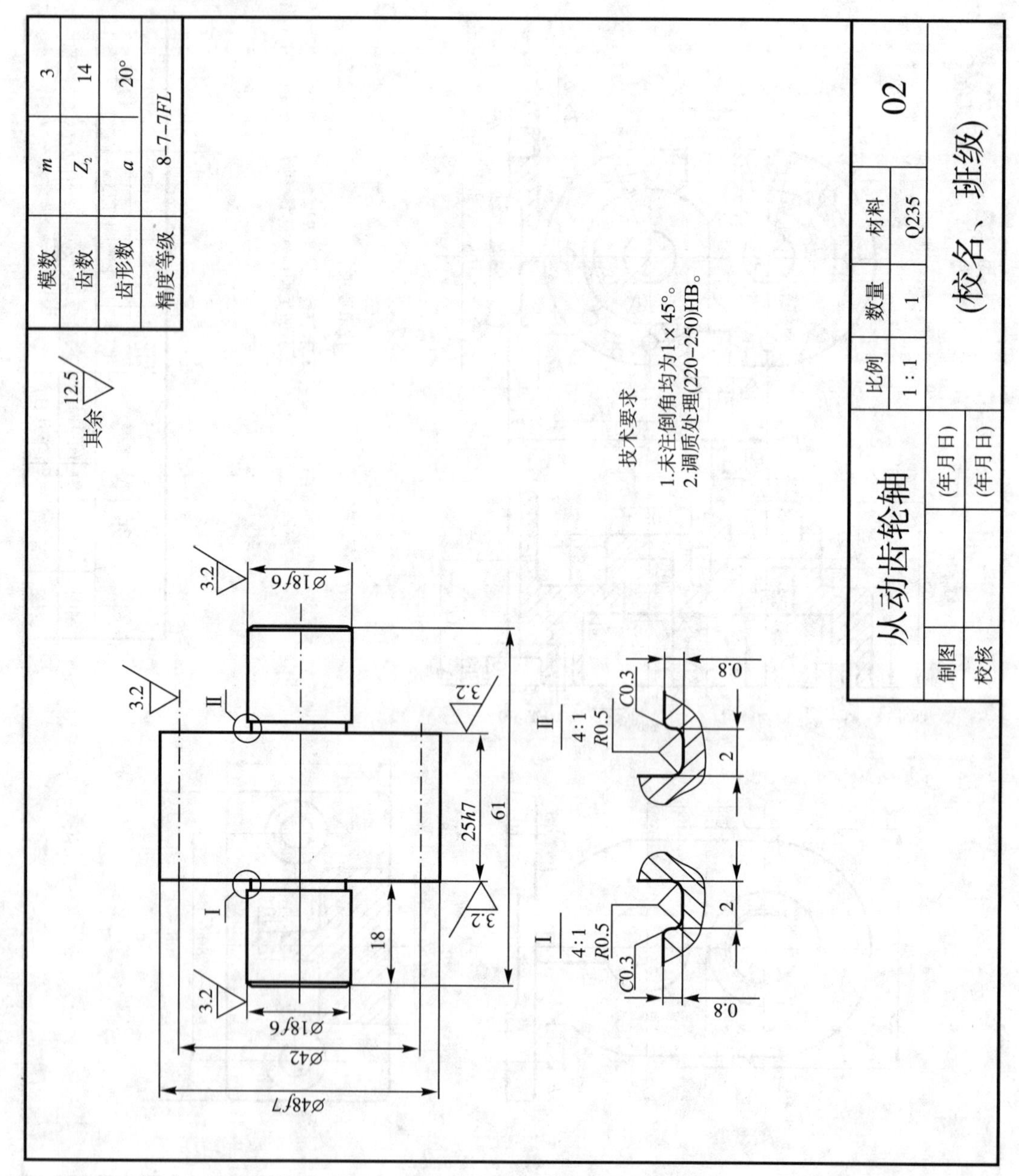

习题 4

4. 填料压盖零件图

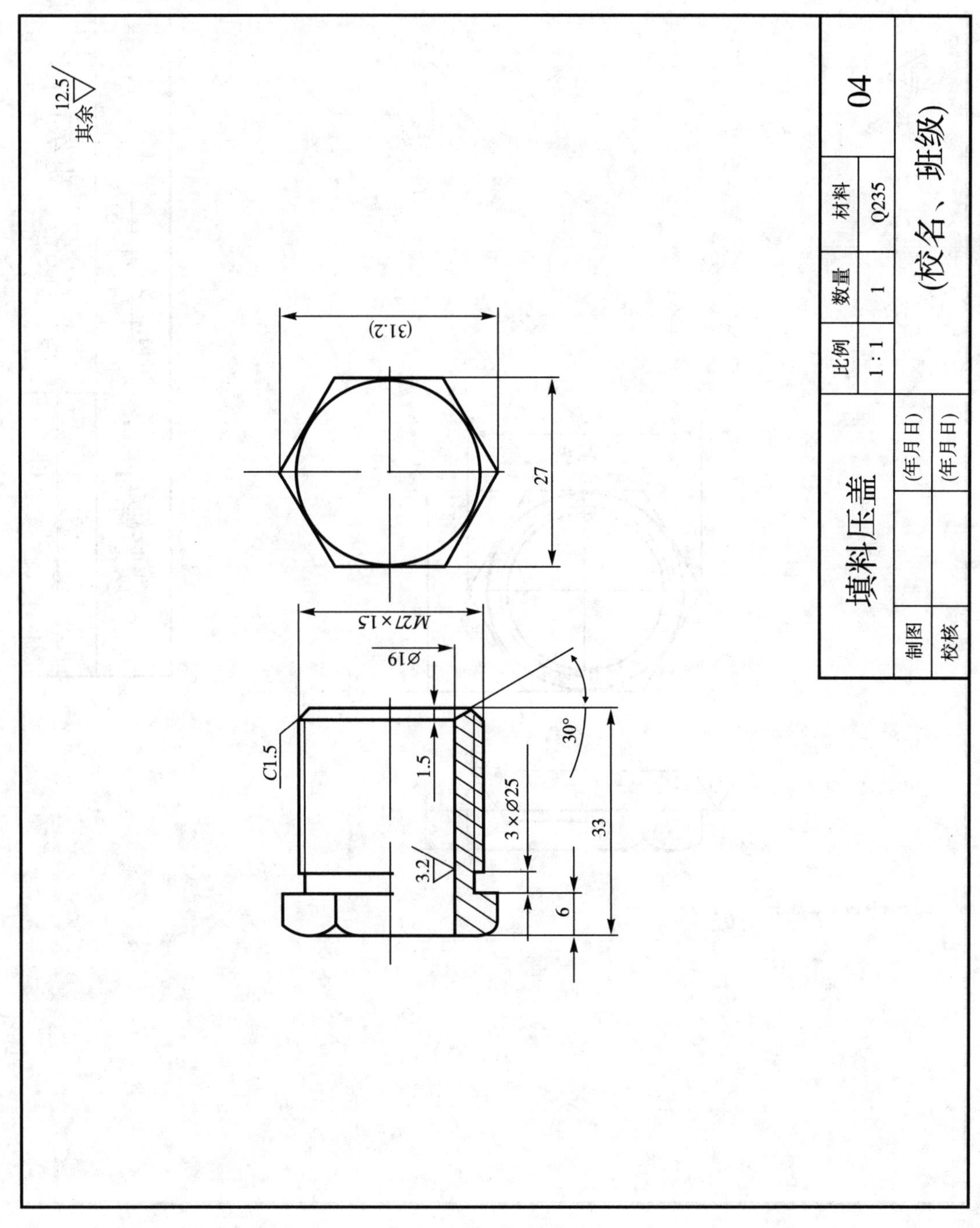

习题 5

5. 锁紧螺母零件图

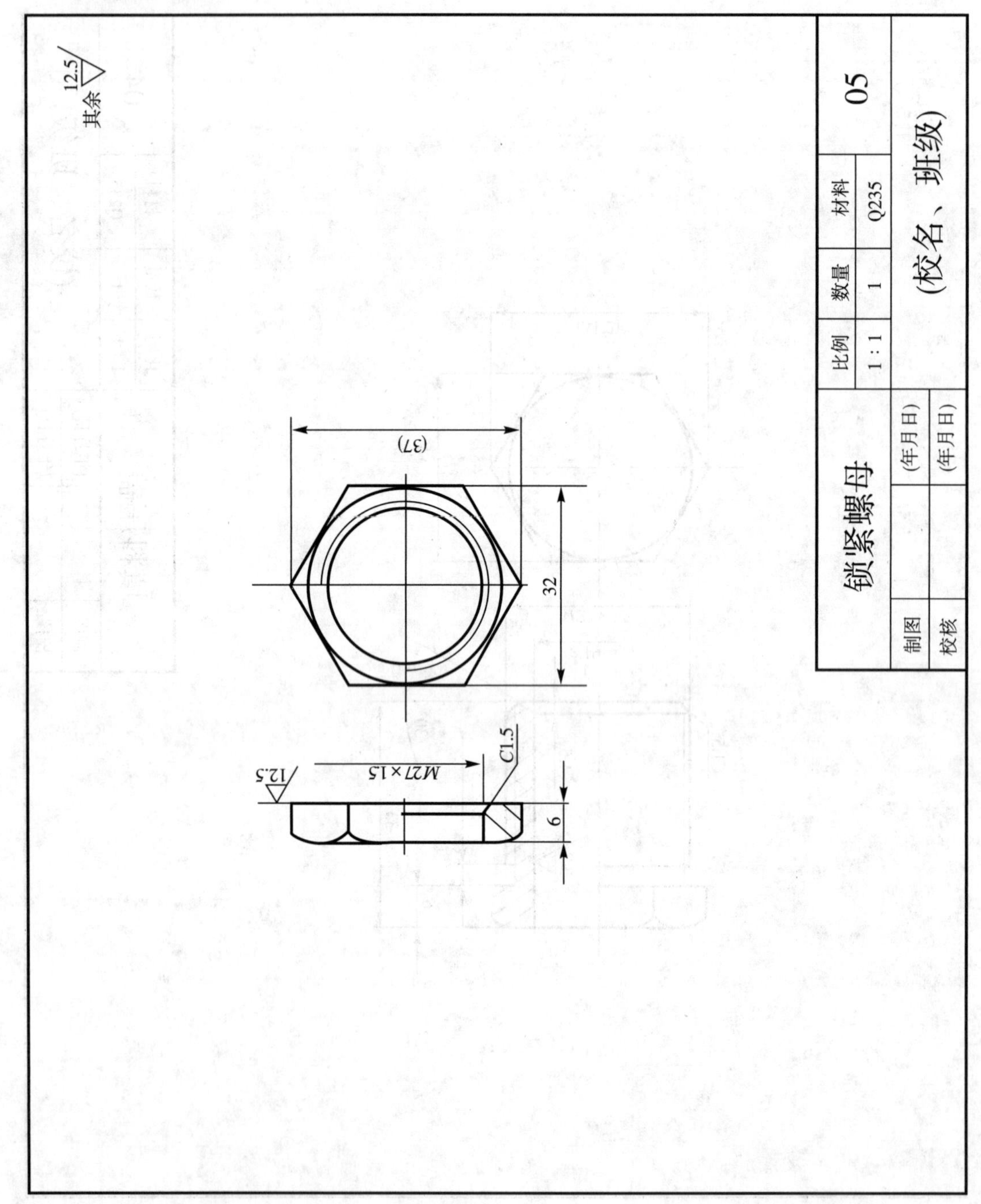

习题 6

6. 主动齿轮轴零件图

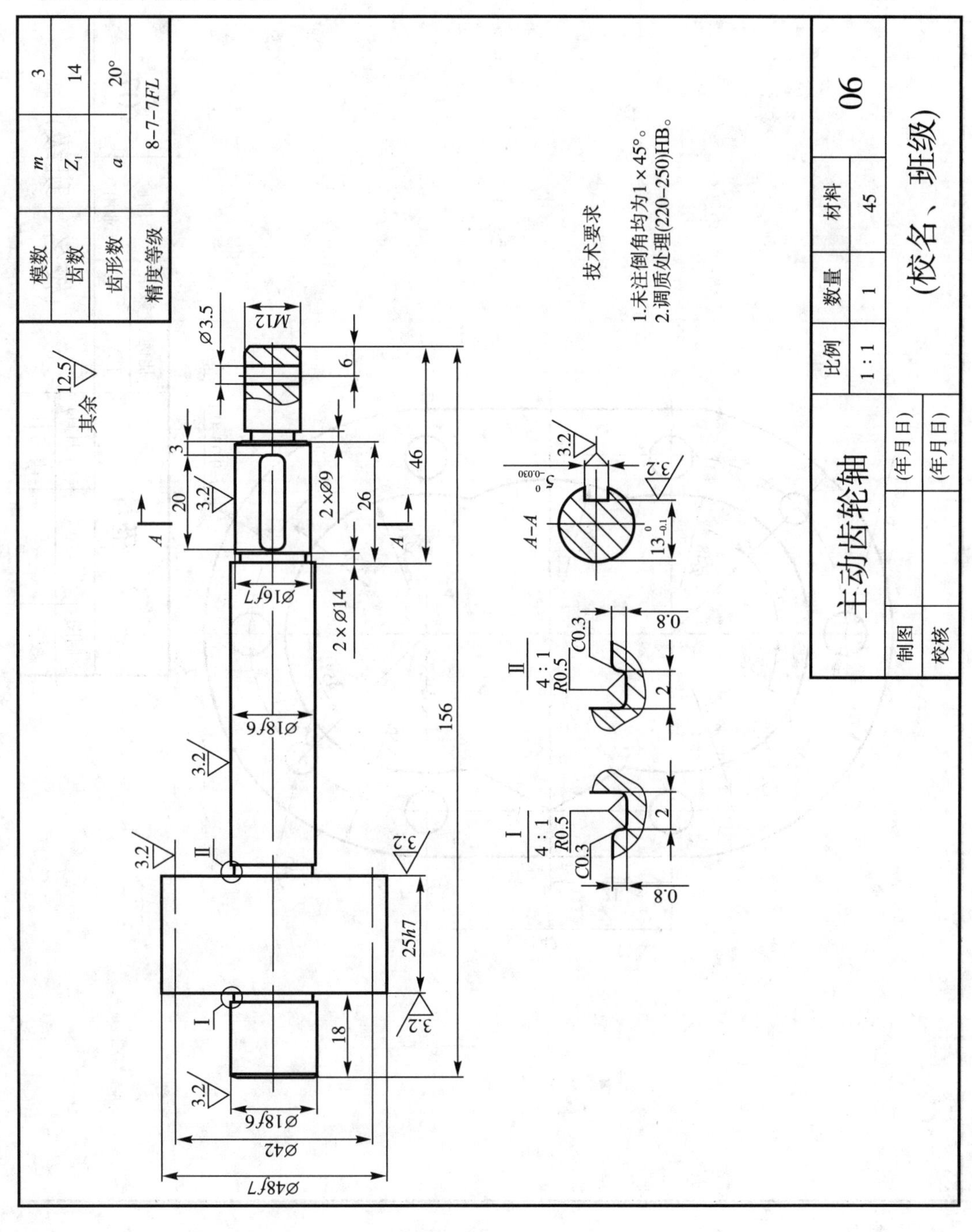

习题 7

7. 垫片零件图

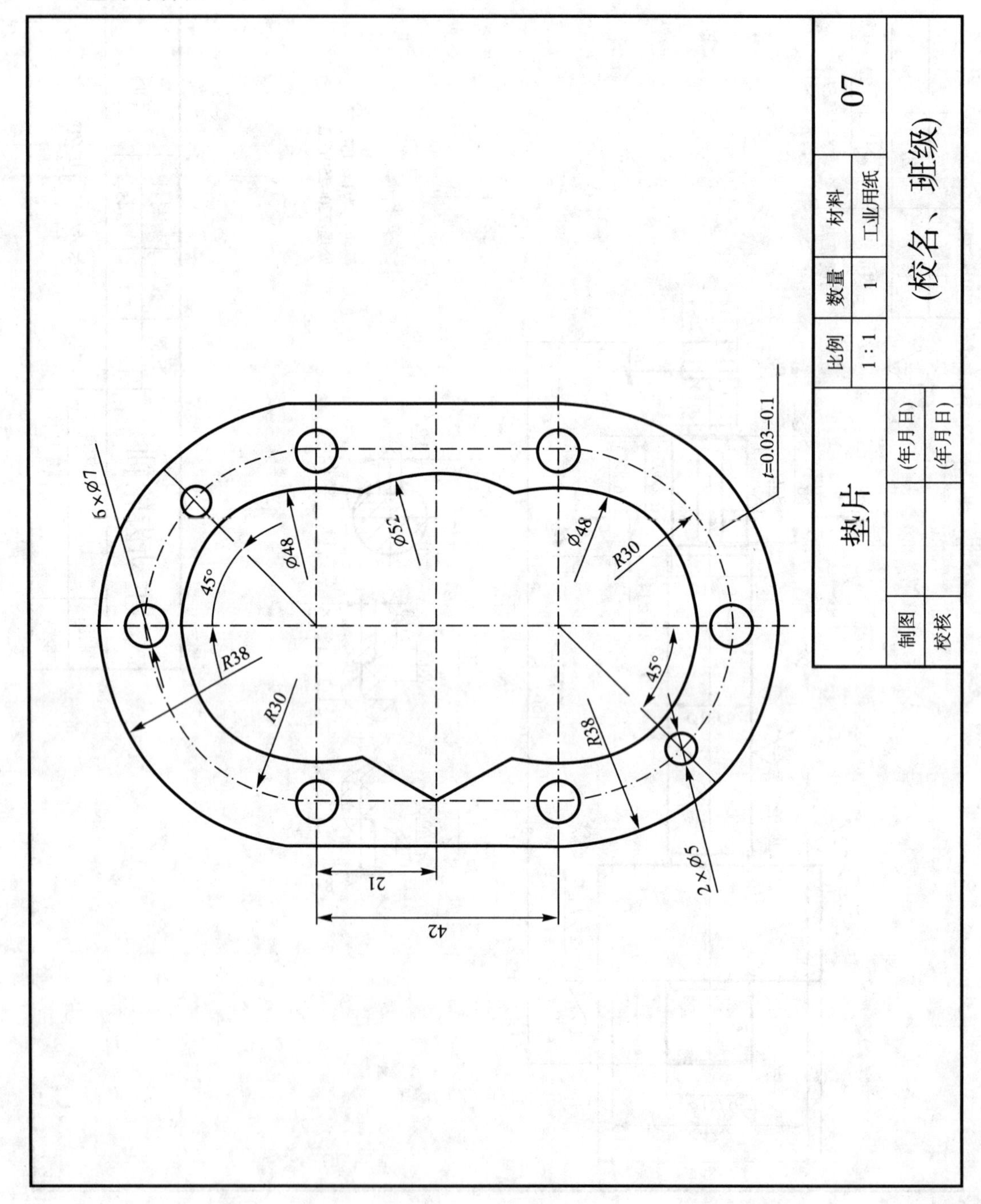

垫片
比例
数量
材料
1:1
1
工业用纸
07
(校名、班级)
制图
校核
(年月日)
(年月日)
6×Ø7
2×Ø5
Ø52
Ø48
Ø48
R30
R30
R38
R38
45°
45°
t=0.03~0.1
21
42

习题 8

8. 泵盖零件图

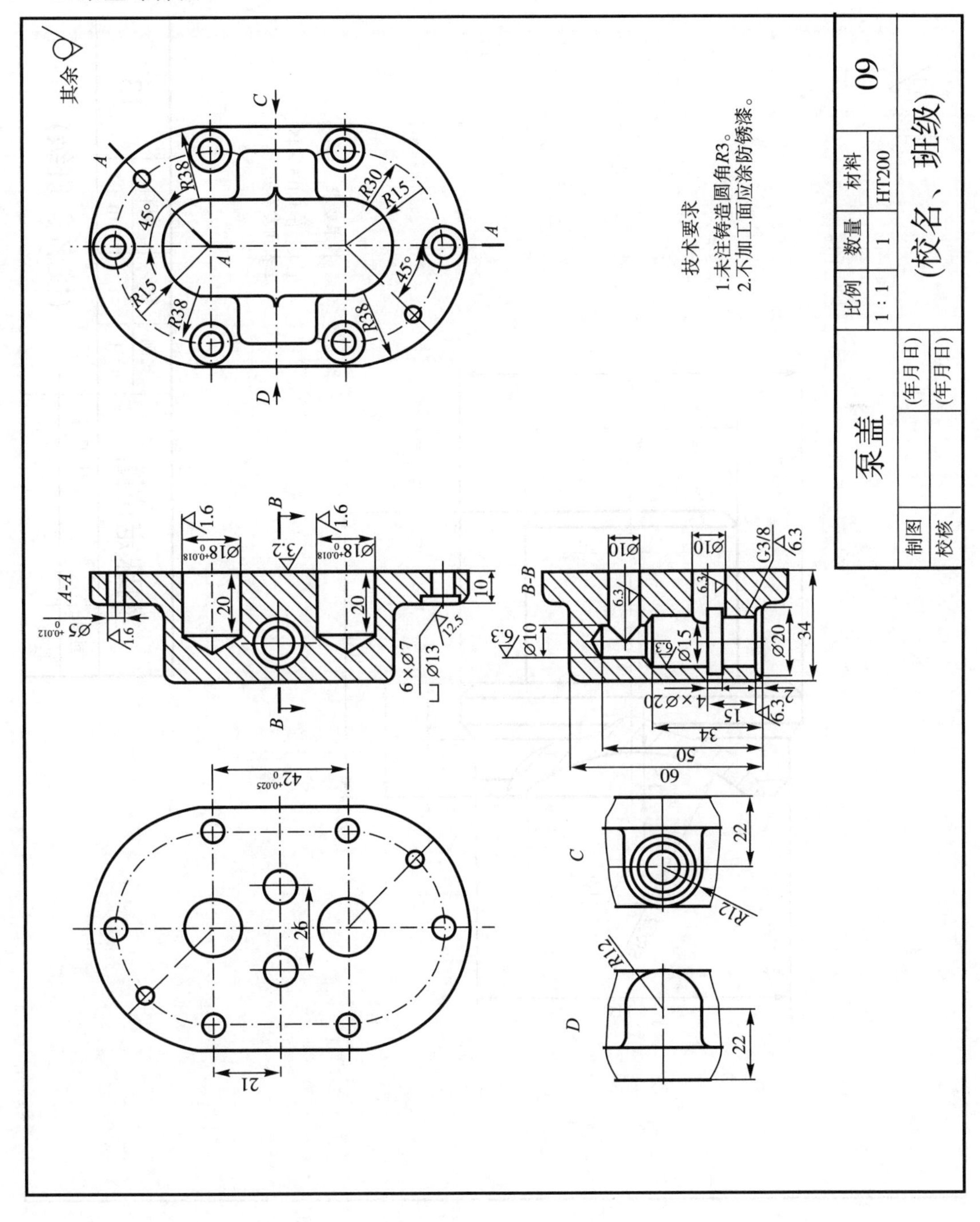

其余
A-A
B-B
C
D
技术要求
1.未注铸造圆角R3。
2.不加工面应涂防锈漆。
泵盖
比例
1 : 1
数量
1
材料
HT200
09
制图
(年月日)
校核
(年月日)
(校名、班级)

习题 9

9. 钢珠定位圈零件图

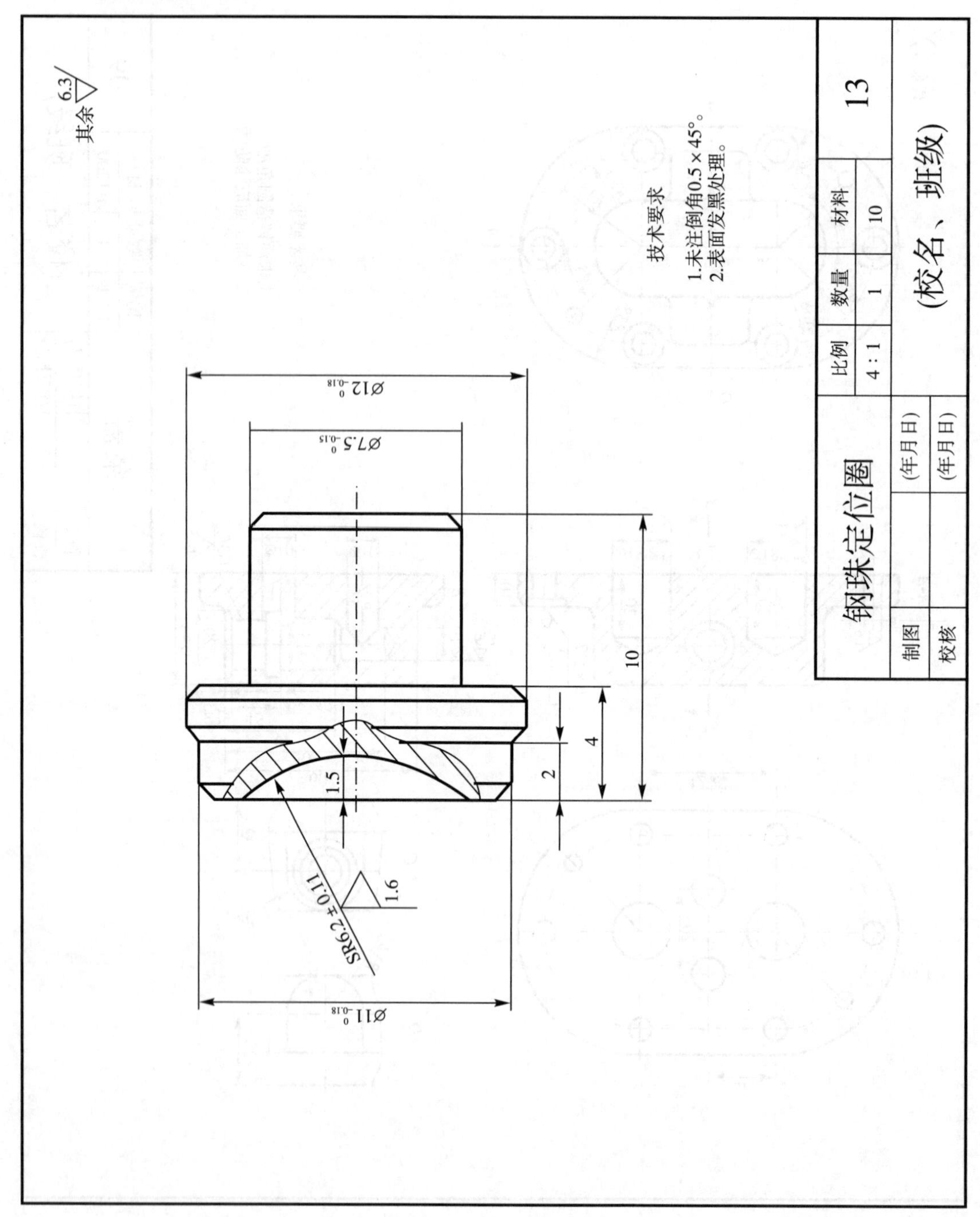

习题 10

10. 弹簧零件图

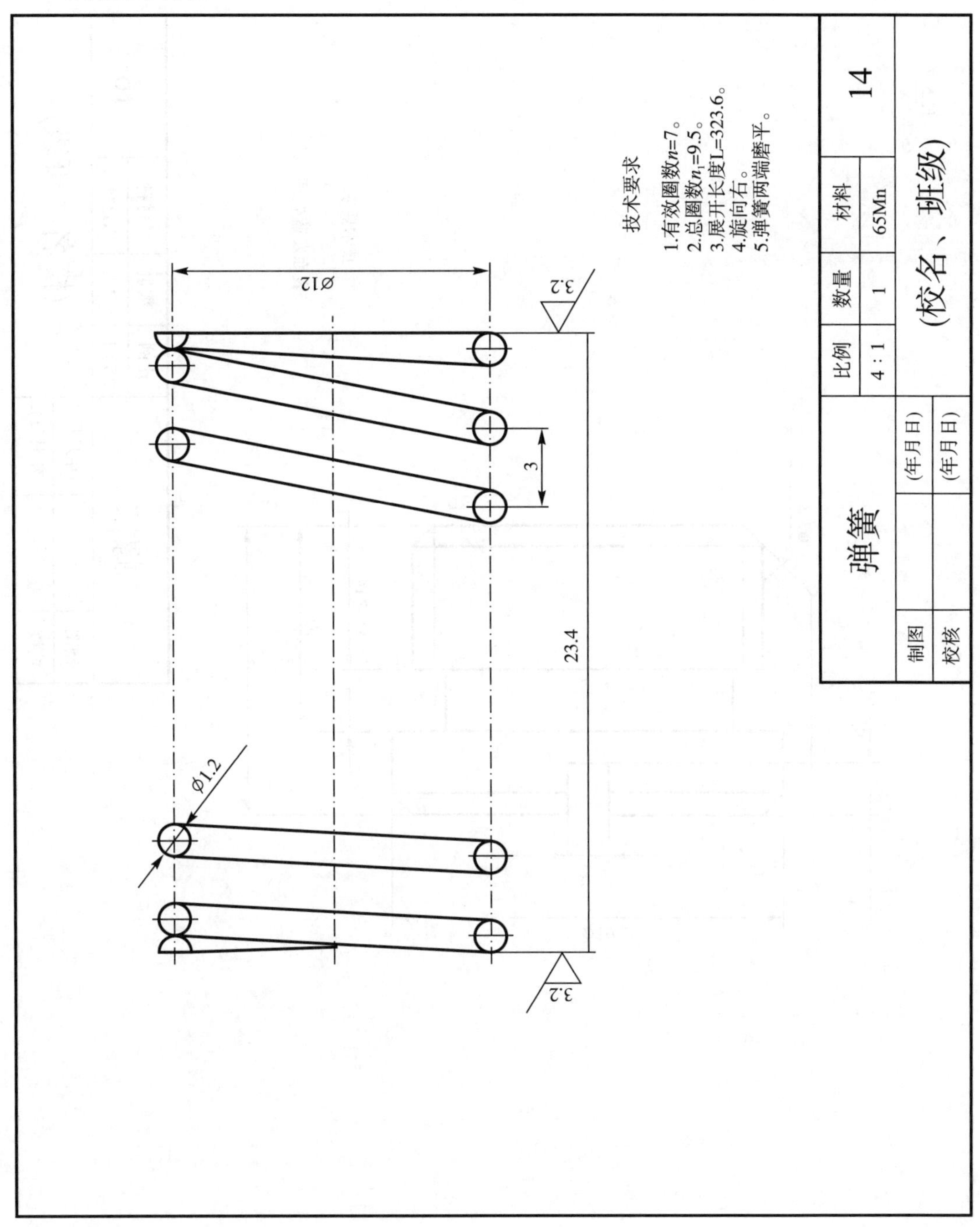

习题 11

11. 螺塞零件图

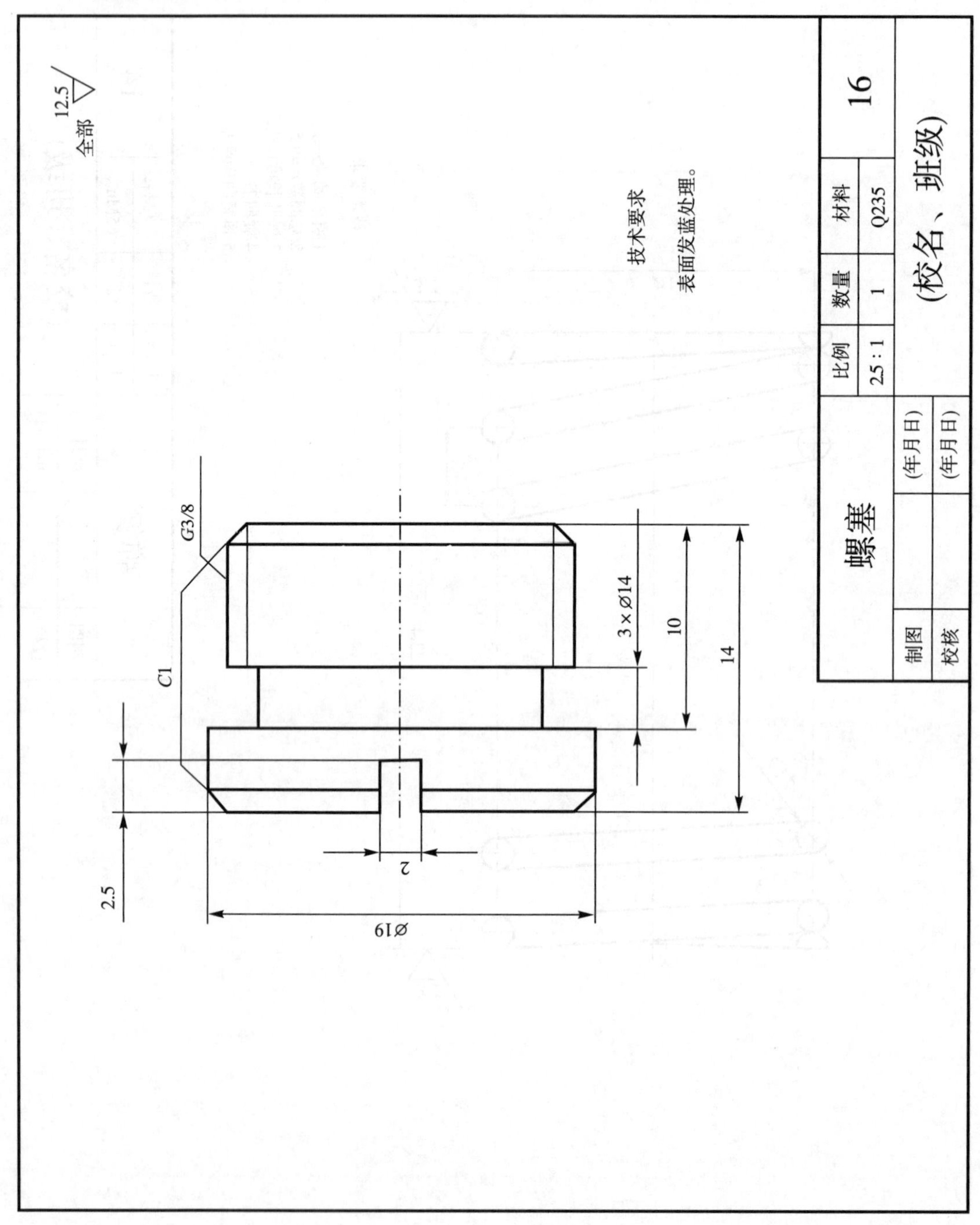

绘制电路图

一、实验目的

1.通过练习电路图的绘制,掌握绘制电路图的规律、方法和技巧;

2.利用块的功能,创建各种电气类功能符号块,简化绘图过程。

二、实验内容

绘制电动机电气控制电路图和电疗仪电路图,选绘机械滑台电路图和顺序控制电气控制图。

三、实验步骤

1.进入 AutoCAD,打开“A4”模板图。

2.设置绘图环境,建立图层、颜色、线型、线宽。

3.绘制电路图的基本图线。

4.创建电路图中各种电气符号的图块:创建开关符号和电阻符号。

(1)绘制出开关的图形;

(2)调用“块(BMAKE)”命令(菜单:“绘图”→“块”→“创建”或“绘图”工具栏中的创建块图标),系统弹出“块定义”对话框;

(3)在“块名”输入框中,输入块名(可以是字母、数字或中文):“开关”;

(4)单击“选择对象”按钮,回到绘图区,选中刚画的图形,回车;

(5)返回“块定义”对话框,单击“选择基点”按钮,点击“确定”按钮;

(6)按照上述步骤创建电阻符号块。

5.用“插入块(DDINSERT)”命令插入块,将创建的块(开关、电阻),插入到图中。

(1)调用“插入块”命令(菜单:“插入”→“块”或单击“绘图”工具栏的插入图标),系统弹出“插入块”对话框;

(2)单击“块(B)”按钮,在已定义的“块”对话框中选择“开关”选项;

(3)对话框中选项用于指定插入点、比例和旋转角度,插入点与块的基点对齐,单击“确定”按钮,回到绘图区;

(4)在图形中确定插入点,并确定缩放和旋转角度,完成块的插入;

(5)按照上述步骤插入电阻符号块。

6.设置文字样式,注写标题栏。

7.电路图绘制完成后,分别赋名保存,退出 AutoCAD。

第 10 章　习题

习题 1

1. 电路图 1

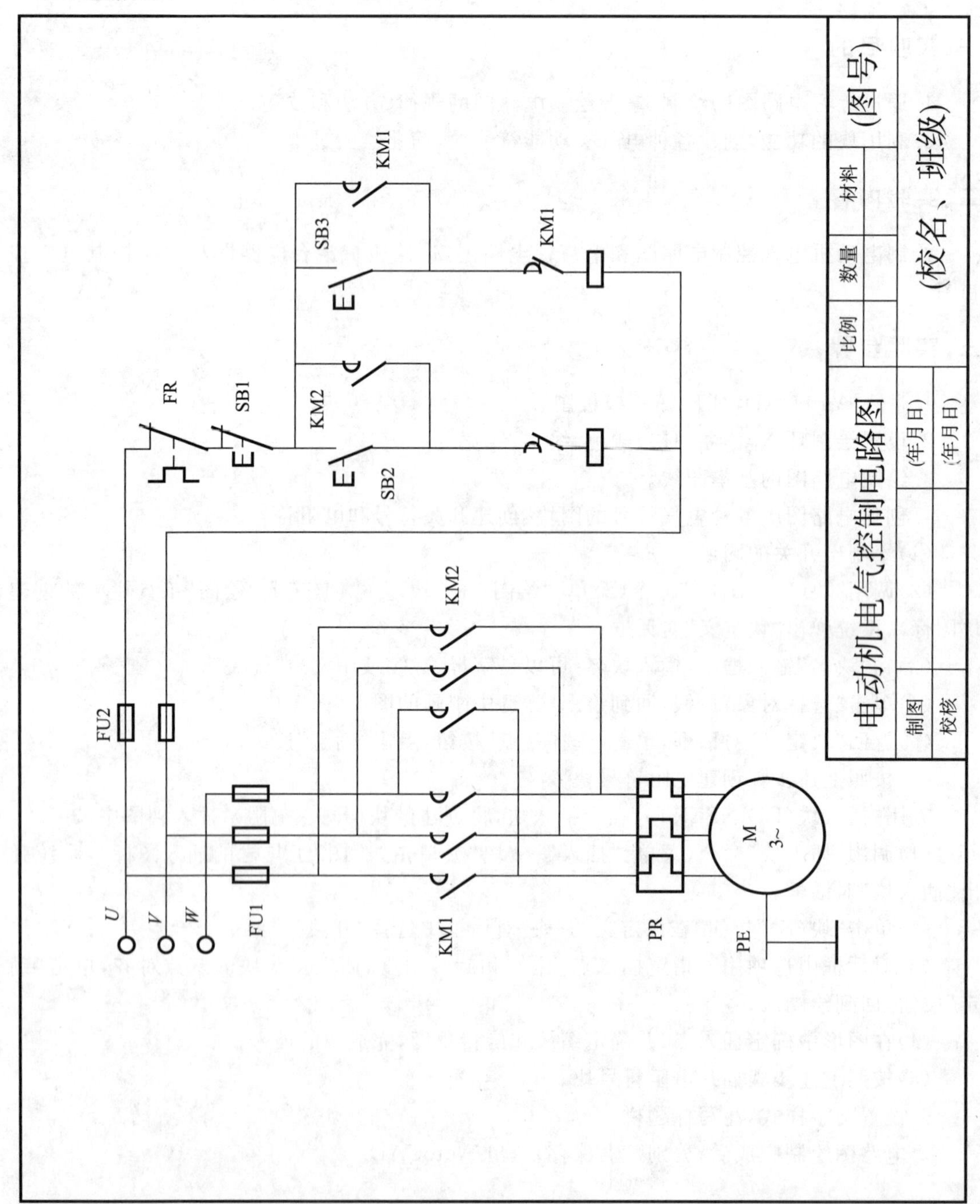

习题 2

2. 电路图 2

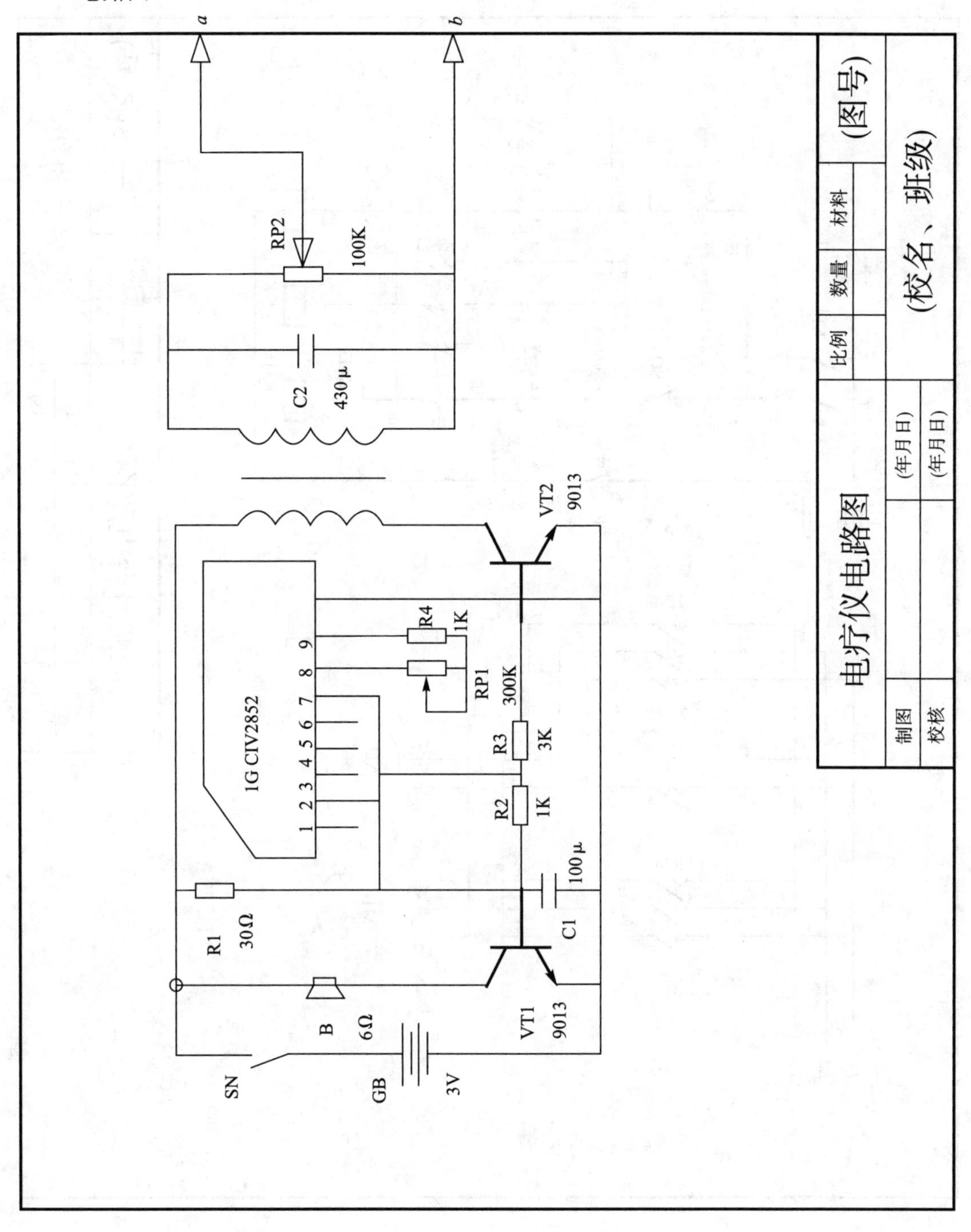

a
b
RP2
100K
C2
430μ
VT2
9013
R4
1K
RP1
300K
R3
3K
R2
1K
1G CIV2852
1 2 3 4 5 6 7 8 9
100μ
C1
R1
30Ω
B
6Ω
VT1
9013
SN
GB
3V
(图号)
比例
数量
材料
(校名、班级)
电疗仪电路图
制图
校核
(年月日)
(年月日)

习题 3

3. 电路图 3

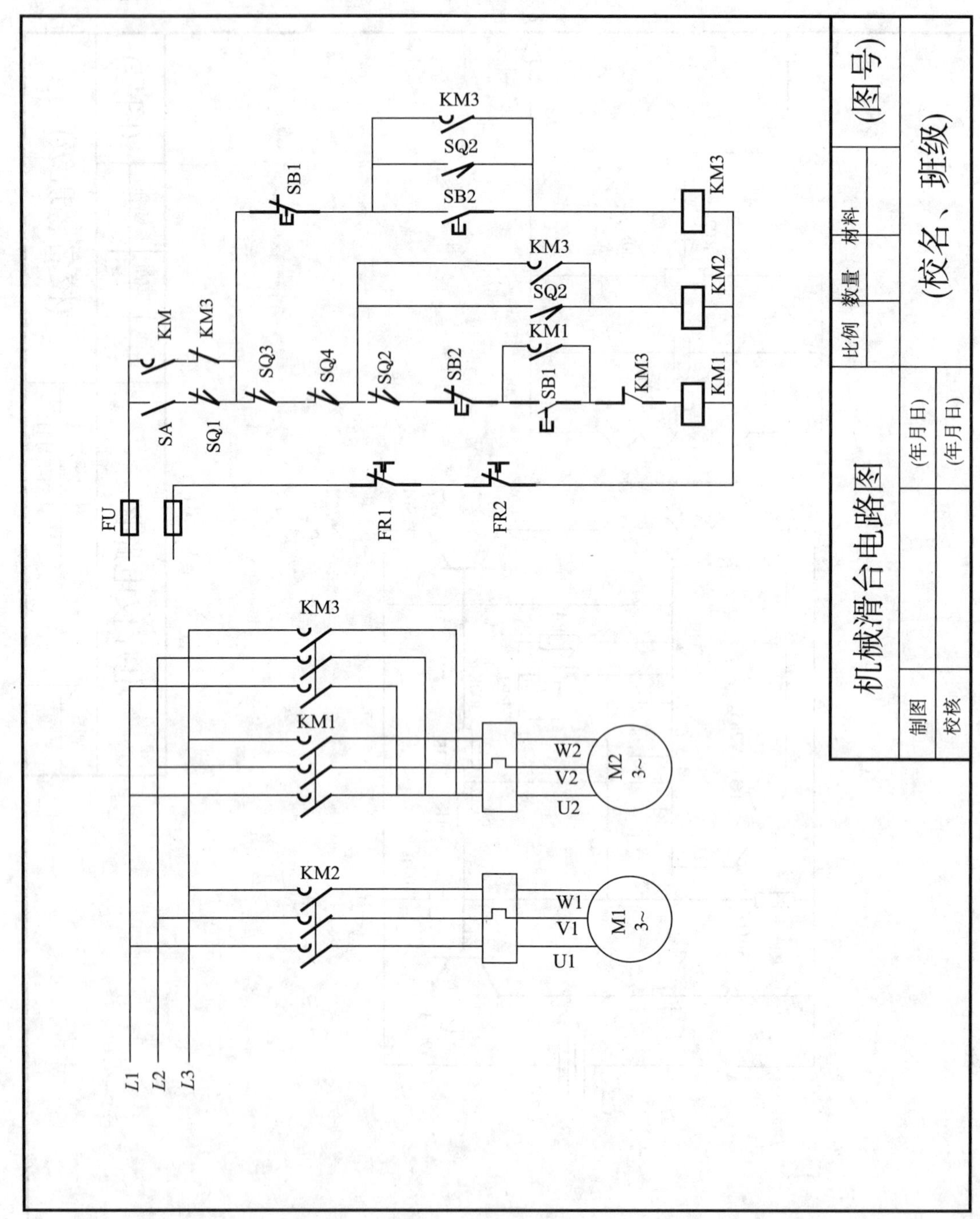

KM3
SQ2
SB1
SB2
KM3
KM3
SQ2
KM2
KM1
KM
KM3
SQ3
SQ4
SQ2
SB2
SB1
KM3
KM1
SA
SQ1
FU
FR1
FR2
KM3
KM1
KM2
W2
V2
U2
M2
3~
W1
V1
U1
M1
3~
L1
L2
L3
机械滑台电路图
(图号)
比例
数量
材料
(校名、班级)
制图
(年月日)
校核
(年月日)

习题 4

4. 电路图 4

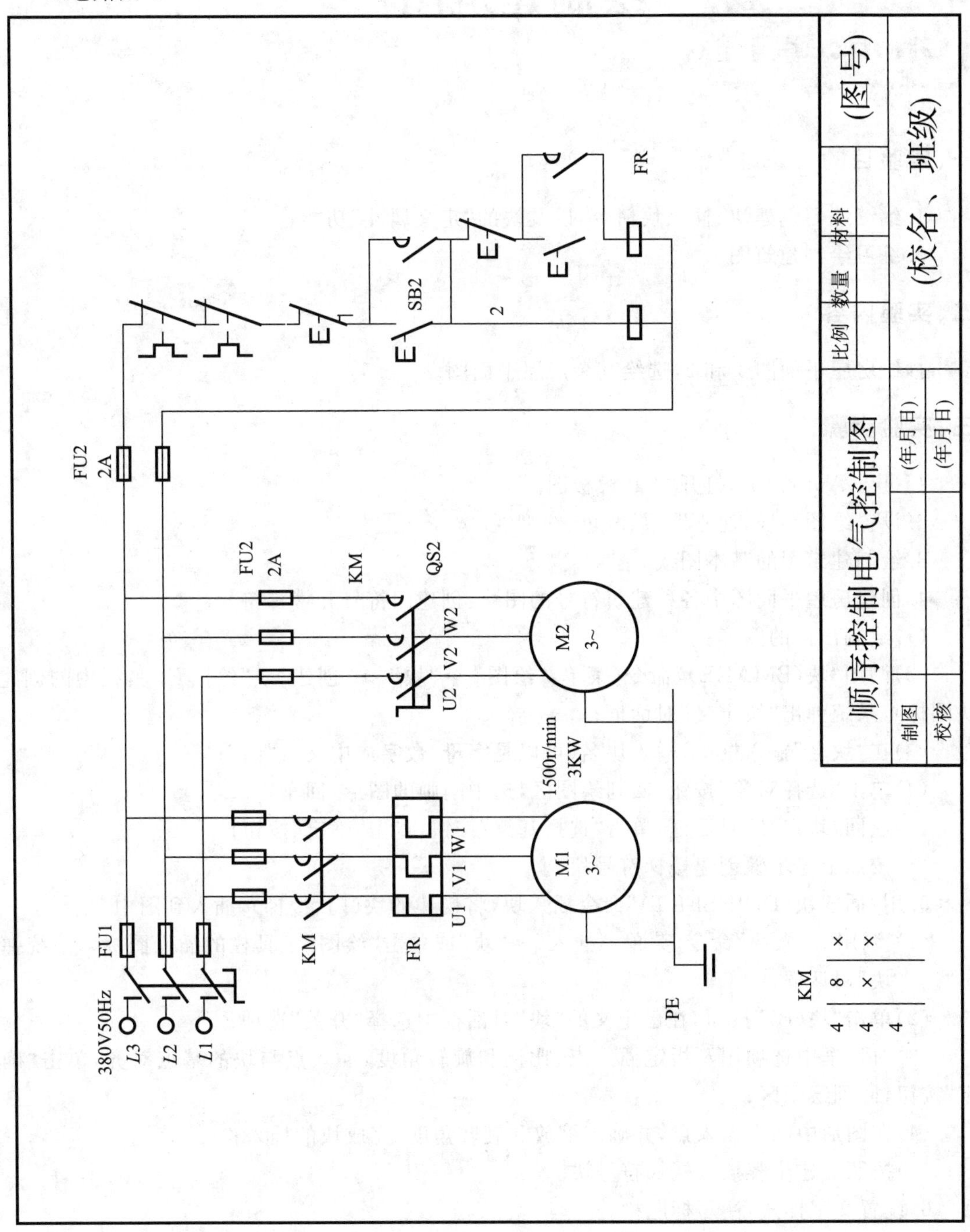

380V50Hz
L3
L2
L1
FU1
KM
FR
U1
V1
W1
M1
3~
1500r/min
3KW
FU2
2A
KM
QS2
U2
V2
W2
M2
3~
PE
SB2
2
FR
KM
4
8
×
顺序控制电气控制图
比例
数量
材料
(图号)
(校名、班级)
制图
校核
(年月日)

绘制建筑图

一、实验目的

1. 继续练习创建块、插入块命令，以及块的“定义属性”功能；

2. 练习绘制建筑图。

二、实验内容

抄绘房屋平面图1和2，选绘其余房屋平面图。

三、实验步骤

1. 进入AutoCAD，打开“A4”模板图。

2. 设置绘图环境，建立图层、颜色、线型、线宽。

3. 绘制建筑图的基本图线。

4. 创建房屋平面图中各种建筑符号的图块：创建门符号和楼梯符号。

(1)绘制出门的图形；

(2)调用“块(BMAKE)”命令(菜单：“绘图”→“块”→“创建”或“绘图”工具栏中的创建块图标)，系统弹出“块定义”对话框；

(3)在“块名”输入框中，输入块名(可以是字母、数字或中文)：“门”；

(4)单击“选择对象”按钮，回到绘图区，选中刚画的图形，回车；

(5)返回“块定义”对话框，单击“选择基点”按钮，点击“确定”按钮；

(6)按照上述步骤创建楼梯符号块。

5. 用“插入块(DDINSERT)”命令插入块，将创建的块(门、楼梯)，插入到图中。

(1) 调用“插入块”命令(菜单：“插入”→“块”或单击“绘图”工具栏的插入图标)，系统弹出“插入块”对话框；

(2)单击“块(B)”按钮，在已定义的“块”对话框中选择“开关”选项；

(3)对话框中选项用于指定插入点、比例和旋转角度，插入点与块的基点对齐，单击“确定”按钮，回到绘图区；

(4)在图形中确定插入点，并确定缩放和旋转角度，完成块的插入；

(5)按照上述步骤插入楼梯符号块。

6. 设置文字样式，注写标题栏。

7. 房屋平面图绘制完成后，分别赋名保存，退出AutoCAD。

习题 1

1. 房屋平面图 1

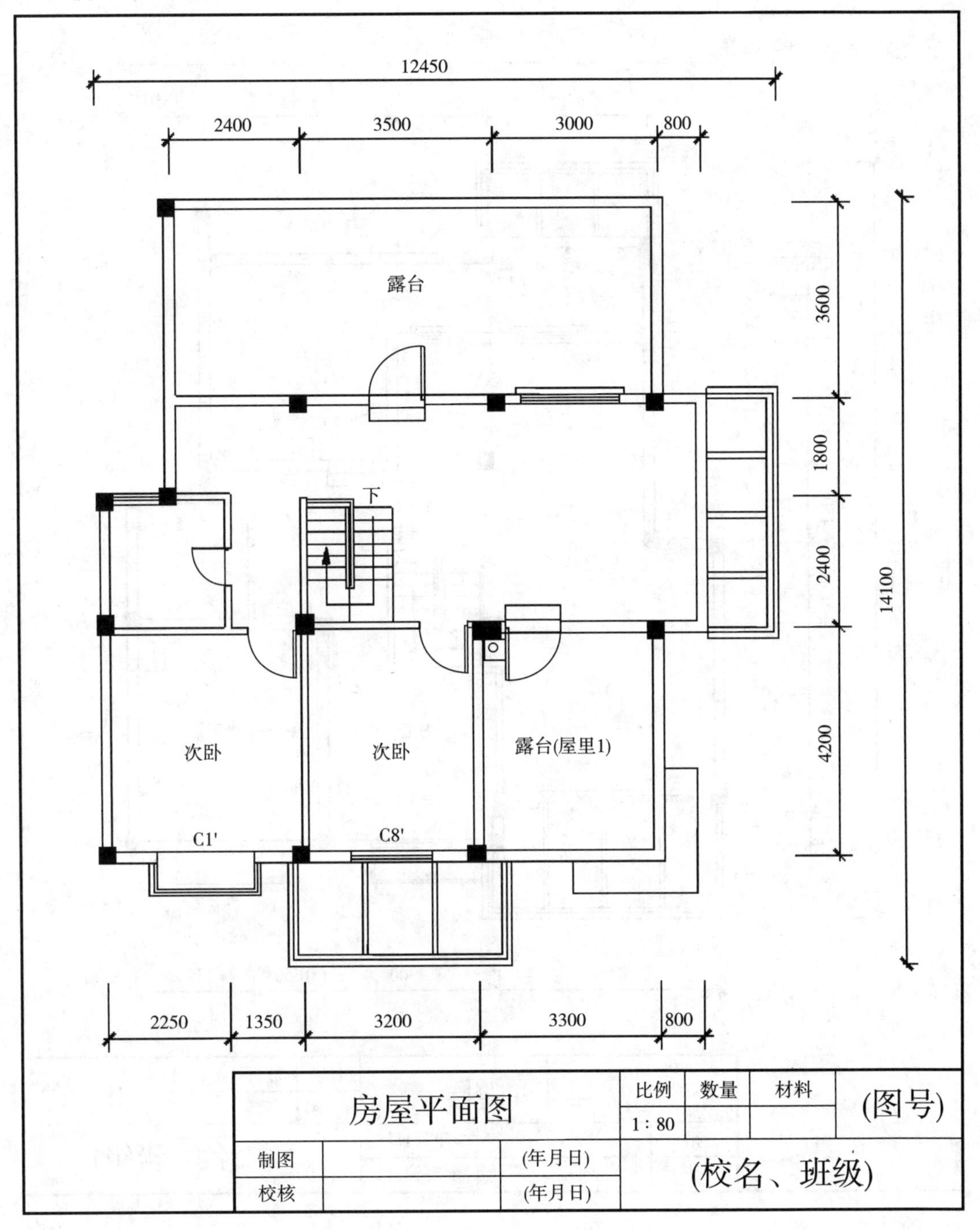

房屋平面图			比例	数量	材料	(图号)
			1：80			
制图		(年月日)	(校名、班级)			
校核		(年月日)				

习题 2

2. 房屋平面图 2

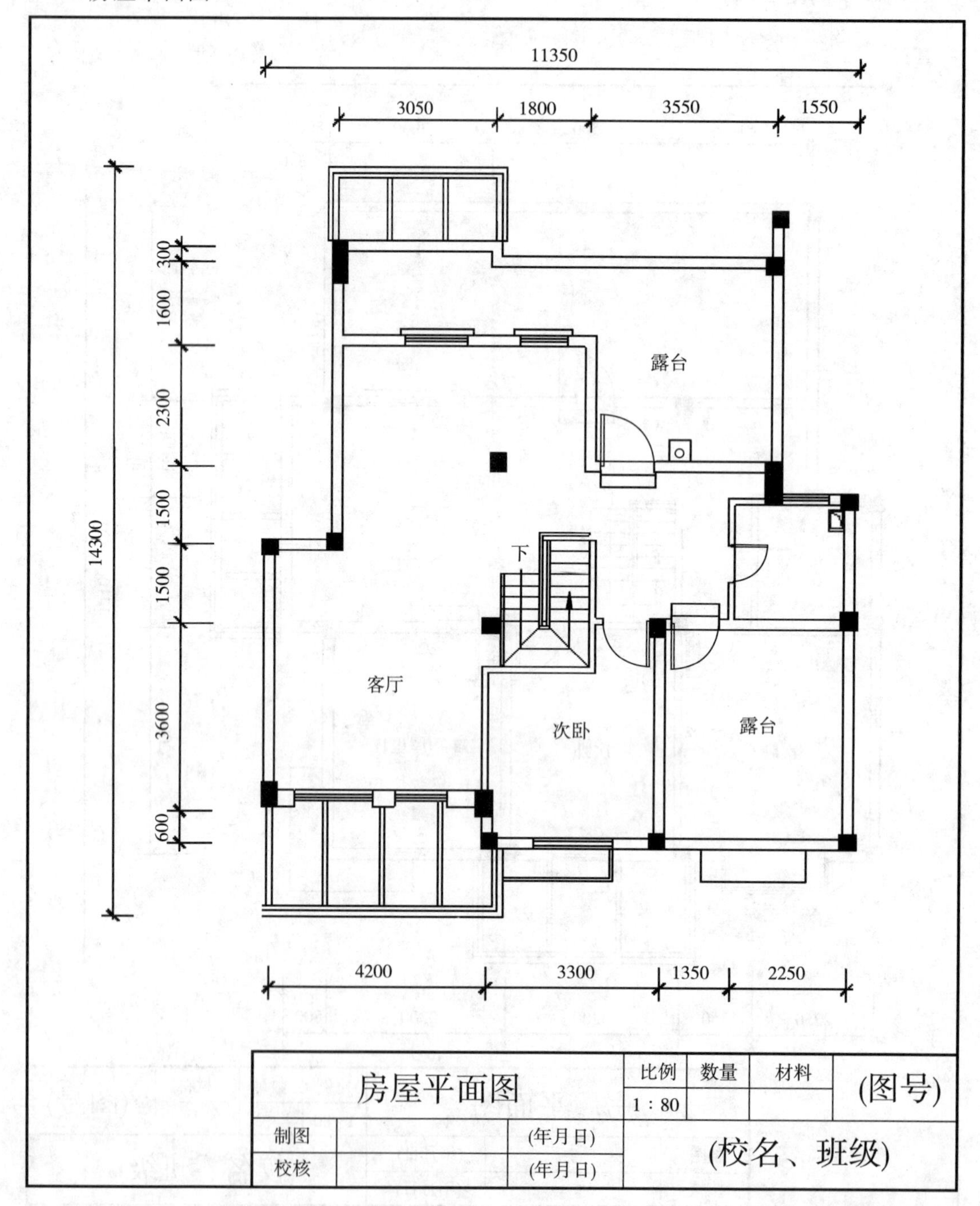
11350
3050
1800
3550
1550
14300
300
1600
2300
1500
1500
3600
600
露台
下
客厅
次卧
露台
4200
3300
1350
2250
房屋平面图
比例
数量
材料
(图号)
1 : 80
制图
(年月日)
校核
(年月日)
(校名、班级)

习题 3

3. 房屋平面图 3

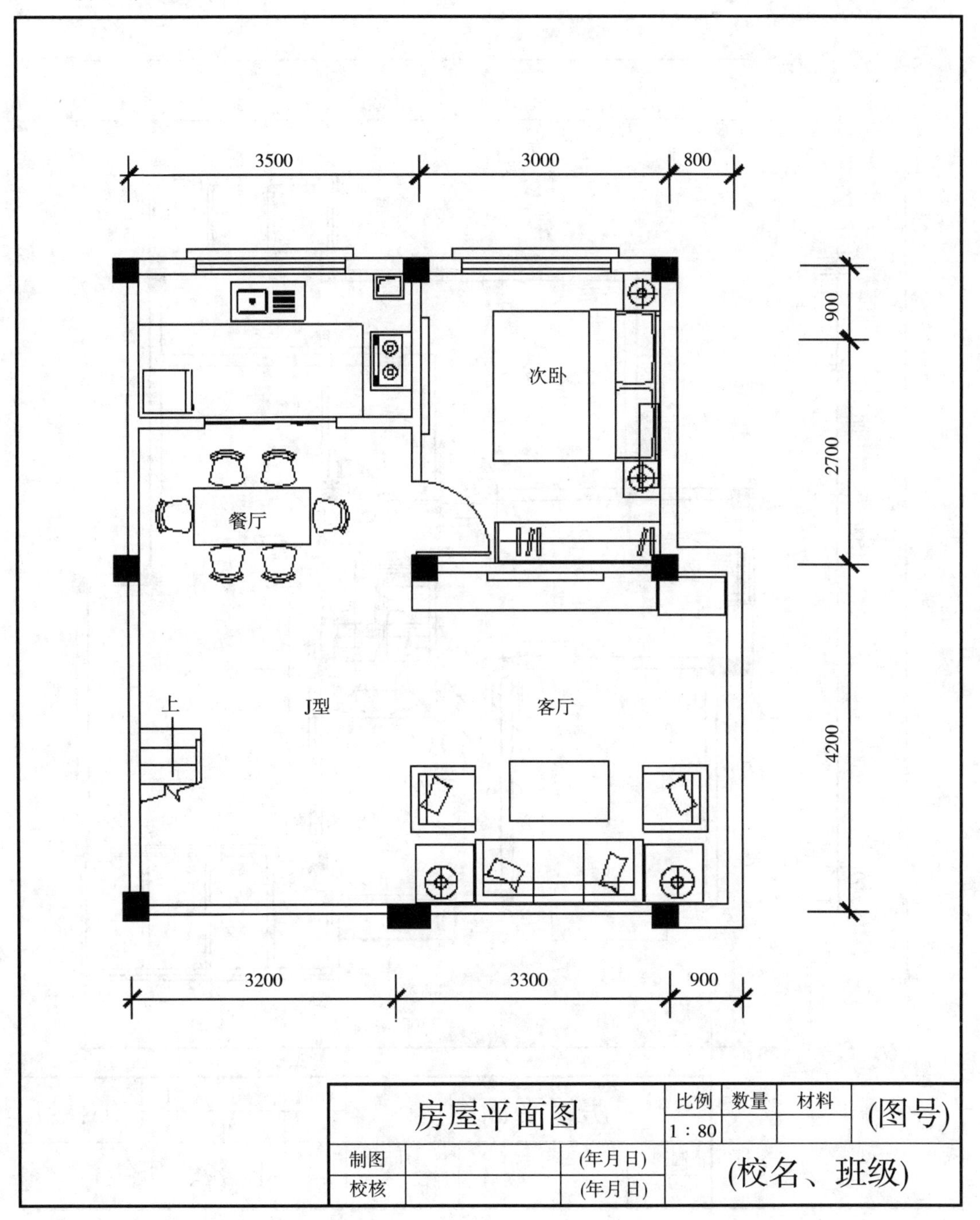
3500
3000
800
900
2700
4200
次卧
餐厅
上
J型
客厅
3200
3300
900
房屋平面图
比例
数量
材料
1：80
(图号)
制图
(年月日)
校核
(年月日)
(校名、班级)

习题 4

4. 房屋平面图 4

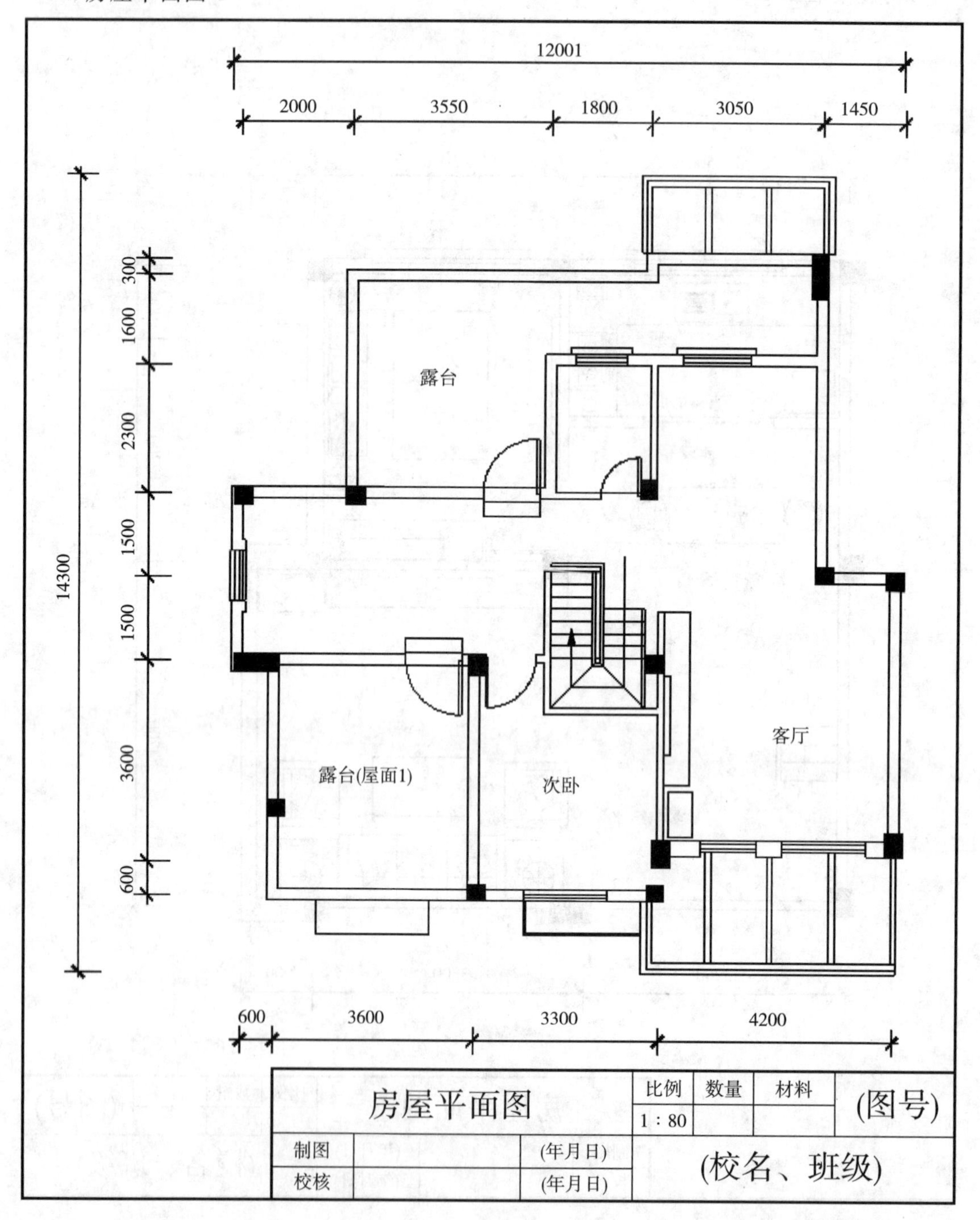
12001
2000
3550
1800
3050
1450
14300
300
1600
2300
1500
1500
3600
600
露台
露台(屋面1)
次卧
客厅
600
3600
3300
4200
房屋平面图
比例
数量
材料
1：80
(图号)
制图
(年月日)
校核
(年月日)
(校名、班级)

绘制三维实体

一、实验目的

1. 掌握创建面域的方法；

2. 掌握将绘制长方体(BOX)、圆柱头(CYLINDER)、圆锥(CONE)等形体的方法；

3. 掌握三维实体的编辑方法。

二、实验内容

按照本实验给出的习题1和习题2的平面图，分别绘制出三维立体图，选绘习题3托架三维实体。

三、实验步骤

1. 根据习题1给出的视图及尺寸，绘制出三维实体图。

(1)进入AutoCAD，建新图；

(2)设置绘图界限；

(3)根据图例尺寸，绘制俯视图(绘出正六边形，绘出正六边形的两条对角线，以对角线的交点为圆心画圆)；

(4)点击"面域(REGION)"命令，把正六边形、圆形变成面域；

(5)点击"拉伸(EXTRUDE)"命令，分别把正六边形、圆形面域拉抻成正六棱柱、圆柱体，拉伸的高度(Height)分别是12、24；

(6)打开目标捕捉，选中圆柱体，点击"移动(MOVE)"命令，选中圆柱体的下底面中心，进行移动，对齐到正六棱柱的上底面中心；

(7)点击"并集(UNION)"命令，把正六棱体、圆柱体合并成一个组合体；

(8)设置线框密度(ISolines)为20。

2. 根据习题2给出的视图及尺寸，绘制出三维实体图。

(1)进入AutoCAD，建新图；

(2)设置绘图界限；

(3)根据图例尺寸，绘制俯视图(见例图2平面图的俯视图)；

(4)点击"面域(REGION)"命令，创建多个面域(俯视图的外轮廓及内部的三个圆，两个同心圆)；

(5)点击"差集(SUBTRACT)"命令，创建两个面域(面域1:俯视图外轮廓和内部三个圆的差集，面域2:同心圆的差集)；

(6)点击"拉伸(EXTRUDE)"命令，面域1、2拉伸的高度(Height)分别是12、20，形成底座和圆筒两个立体；

(7)打开目标捕捉，选中圆筒，点击“移动(MOVE)”命令，选中圆筒的下底面中心，进行移动，对齐到正六棱柱的上底面中心；

(8)点击“并集(UNION)”命令，把底座、圆筒并成一个组合体；

(9)设置线框密度(ISolines)为 20；

(10)调用“切开(SLICE)”命令，把组合体剖切成对称的两部分。

3. 三维实体图绘制完成后，分别赋名保存，退出 AutoCAD。

第 12 章　习题

习题 1

1-1

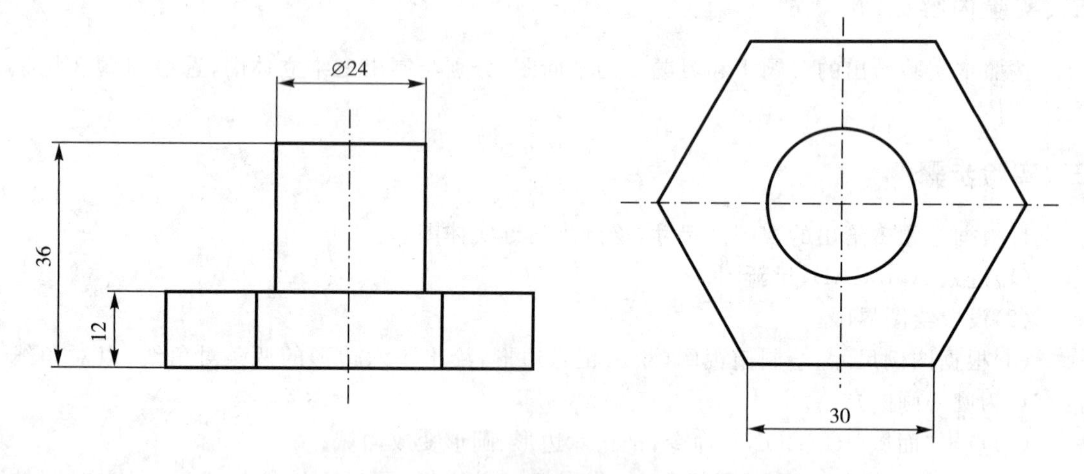

1-2

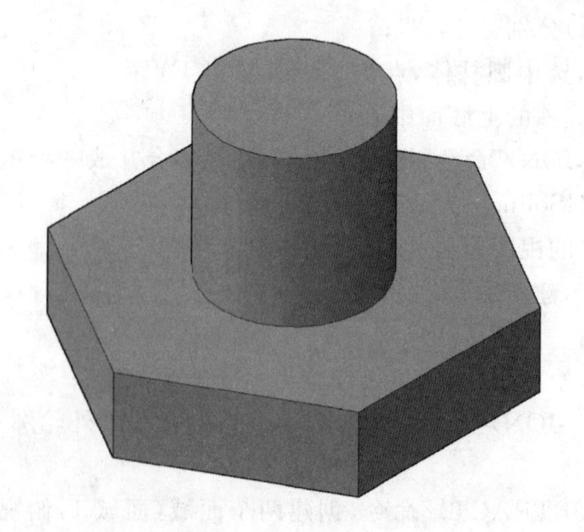

习题 2

2-1

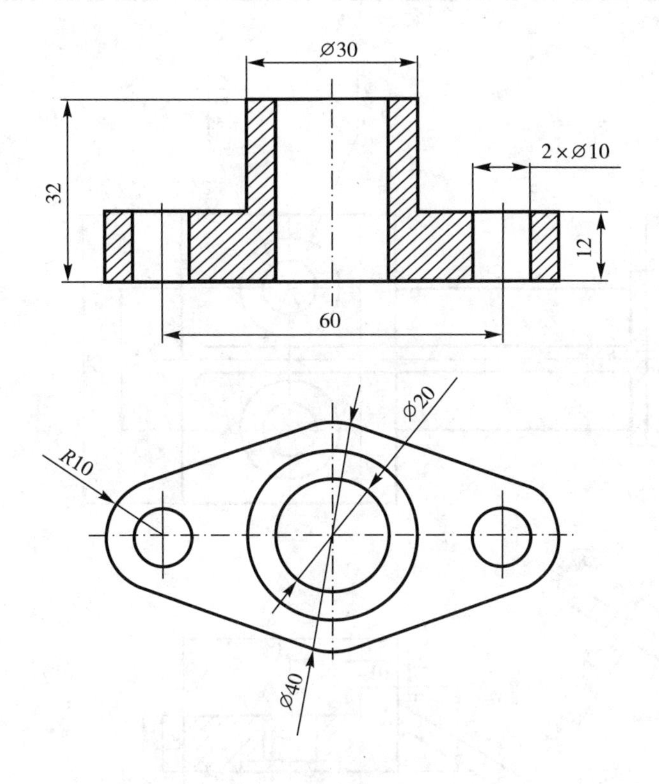

2-2

习题 3

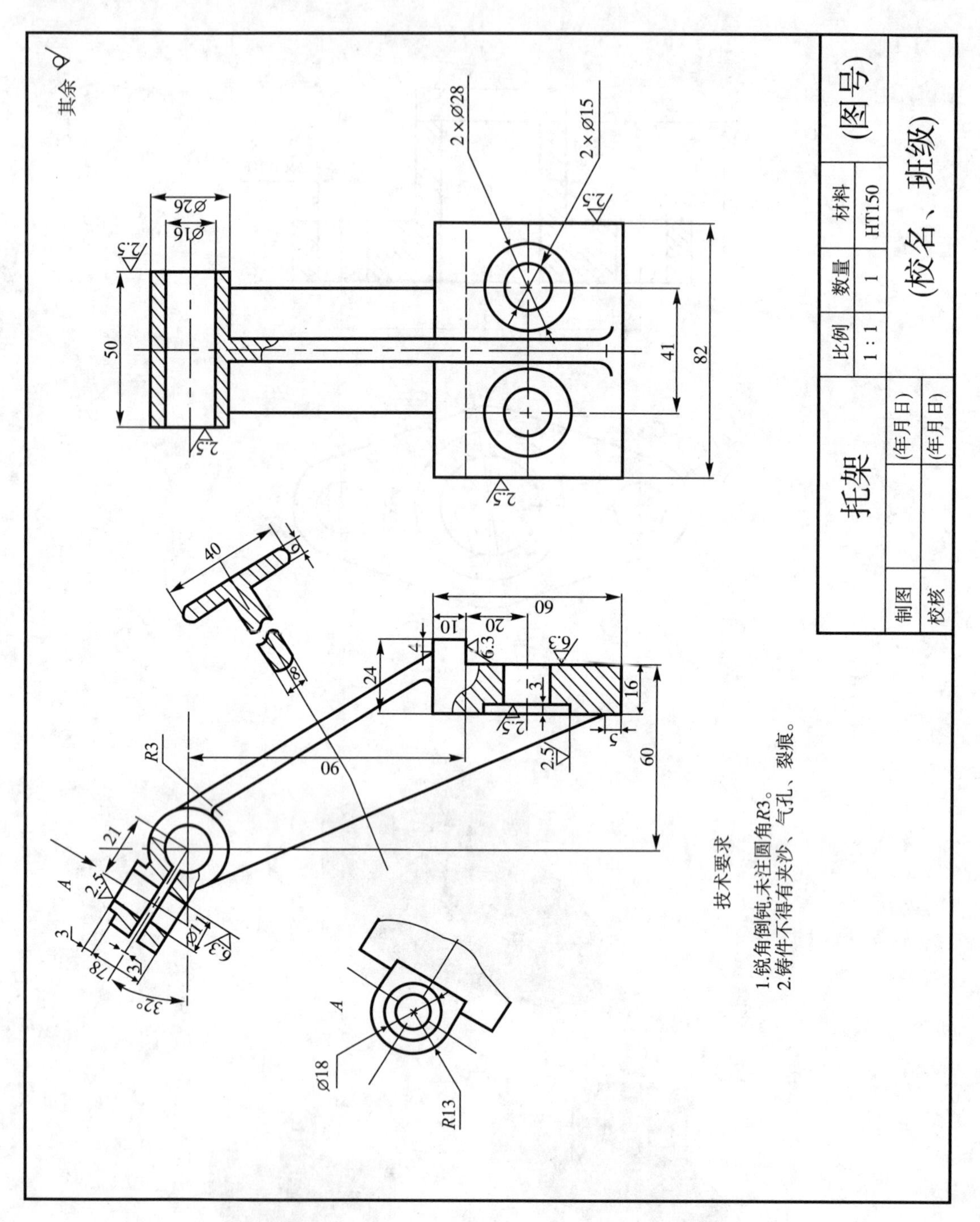
其余
2×Ø28
2×Ø15
Ø26
Ø16
50
41
82
40
60
20
10
24
16
90
R3
21
Ø11
32°
Ø18
R13
A
托架
比例
1:1
数量
1
材料
HT150
(图号)
制图
校核
(年月日)
(年月日)
(校名、班级)
技术要求
1.锐角倒钝,未注圆角R3。
2.铸件不得有夹沙、气孔、裂痕。

提示:托架三维实体图

参考文献

[1]朱冬梅,胥北澜,何建英. 画法几何及机械制图(第六版)[M]. 北京:高等教育出版社,2008.

[2]胡宜鸣,孟淑华. 机械制图[M]. 北京:高等教育出版社,2001.

[3]常明. 画法几何及机械制图[M]. 武汉:华中科技大学出版社,2009.

[4]丁绪东. AutoCAD 2007 版实用教程(第一版)[M]. 北京:中国电力出版社,2007.

[5]李国琴. AutoCAD2006 绘制机械制图训练指导书(第一版)[M]. 北京:中国电力出版社,2006.

[6]张玉琴,赵绍忠. AutoCAD 上机实验指导与实训[M]. 北京:机械工业出版社,2013.

[7]于春燕,程晓新. AutoCAD 从基础到应用(第二版)[M]. 北京:中国电力出版社,2012.

[8]陈志民. AutoCAD2010 机械绘图实例教程[M]. 北京:机械工业出版社,2011.

[9]陆学斌,李永强. AutoCAD 机械制图基础及应用[M]. 北京:人民邮电出版社,2013.

[10]张春来,王玉勤. AutoCAD2010[M]. 北京:西南交通大学出版社,2014.

[11]张多锋. 建筑工程制图[M]. 北京:中国水利水电出版社,2007.

[12]刘瑞新. AutoCAD2009(中文版)建筑制图[M]. 北京:机械工业出版社,2008.